世界如此变幻，心灵必须宁静

Shijie Ruci Bianhuan
Xinling Bixu Ningjing

金 卫 ◎ 编著

挫折不消沉，我们需要在欲念中淬炼定力，
在红尘中收获一颗宁静的心。

中国华侨出版社

图书在版编目（CIP）数据

世界如此变幻，心灵必须宁静／金卫编著．—北京：中国华侨出版社，2014.3

ISBN 978-7-5113-4491-5

Ⅰ．①世… Ⅱ．①金… Ⅲ．①人生哲学－通俗读物 Ⅳ．①B821-49

中国版本图书馆CIP数据核字（2014）第044007号

● 世界如此变幻，心灵必须宁静

编　　著	／金　卫
责任编辑	／严晓慧
封面设计	／智杰轩图书
经　　销	／新华书店
开　　本	／710毫米×1000毫米　1/16　印张／16　字数／220千字
印　　刷	／北京一鑫印务有限责任公司
版　　次	／2014年5月第1版　2019年8月第2次印刷
书　　号	／ISBN 978-7-5113-4491-5
定　　价	／32.00元

中国华侨出版社　　北京朝阳区静安里26号通成达大厦3层　　邮编100028
法律顾问：陈鹰律师事务所
编辑部：（010）64443056　　64443979
发行部：（010）64443051　　传真：64439708
网　　址：www.oveaschin.com
e-mail：oveaschin@sina.com

前言

这个世界，实在是变幻无定！

"天上浮云似白衣，斯须改变如苍狗。"世事变幻莫测，总是超出我们的预见范围，使我们难以掌控。在变幻的世事中，我们漠视了从前，迷失在现在，惊惧于未来。于是，我们沉沦了，沉沦在自己编织的藩篱之中，将自己紧紧封闭起来。而封闭的结果，则是我们的内心开始变得躁动不安，从此失去了昔日的宁静。

心若难以宁静，人生怎会幸福？

看吧！心若失去了宁静，我们便紧张地关注眼前利益的得失，从而放弃了那恬淡的幸福；心若失去了宁静，我们便开始急功近利，从而放弃了脚踏实地慢慢攀登；心若失去了宁静，我们便开始靠近尔虞我诈，背弃了真诚相待；心若失去了宁静，我们便开始彻夜失眠，从此失去了夜夜美梦。真的，心若失去了宁静，我们活着便只是行尸走肉，成功便只是昙花一现，我们将失去一切。

没有人愿意失去一切，所以我们的内心必须宁静。

说到底，宁静只是一种生活态度，最关键的，是我们要以何种方式去获得这种心境。有人说,学道入定,便能收获宁静;也有人说,学僧入禅,自然就能收获宁静;还有人说,种种花,喝喝茶,是内心宁静的最佳途径……这些方法可行吗?行,也不行。方法只是表象,要想内心宁静,便要抛开使心浮躁的尘土,这岂是坐禅喝茶所能得到的?我们是自己内心的主人,使心灵宁静的钥匙,就掌握在我们的手中。

我们只需要记住,在这个世事变幻无常的年代里,唯有做一个内心宁静的人,懂得选择,学会放弃,禁得住诱惑,耐得住寂寞,才能获得心灵的笃定和超然,才能尽享美满幸福的人生。冷眼看繁华,平淡待得失,得意不张狂,挫折不消沉,我们需要在物欲中淬炼定力,在红尘中收获一颗宁静的心。

宁静的灵魂才是最幸福的。在宁静中,奇思和妙想在我们身边安住;在宁静中,性灵生活在身边默默生根;在宁静中,我们可以忘记一切,不断地充实自己。于是,我们便会不断前进。那么,成功就真的不远了。

现在,你的内心是否宁静?如果没有,那也没有关系,这本书将会告诉你获取内心宁静的方法。我们期待着,你能通过此书在自己的内心深处开垦一块土地,种上一粒宁静种子。然后,收获幸福的人生。

目 录

一 别怪世界变化快，是你的心太吵闹

心中总是很焦虑 2

越浮躁，越做不好 5

忧虑改变不了任何事实 7

别让妄念徘徊不散 8

心中有事世间小 10

心静才能生智慧 13

保持平常心 14

常为心灵除尘 16

淡泊的意境并非遥不可及 18

二 那些成长中的忧伤，不必念念不忘

你可以去怀旧，但也别忘了活在现在 24

该忘的，就把它忘掉吧 26

当失去成为现实，就别在固执 28

心有愧疚，不如尽力补救 31

多余的，都该被放下 33

孤独其实可以破解 35

无论如何，明天又是新的一天 38

三 痛苦的时候，正是成长的时候

有苦味，成功更显可贵 42

凡是能打击你的，最终都会让你变强 45

无论生命多么灰暗，都会有摆渡的船 47

你若战胜苦难，它便是你的财富 51

折磨你的人，同时也成就了你 54

如果你失去一只手，就庆幸 56

自己还有另外一只手 56

把自己锻造成一条好轮胎 59

人生如茶，苦中一缕芬芳 61

谁都会有春天 63

把药裹进糖里 65

四 人之所以痛苦，在于追求了错误的东西

我们到底应该追求什么 70

你的生命需要的仅仅是一颗心脏 72

目标过高，是在自寻烦恼 74

人这一生，有舍才有得 76

非分之福不为福 78

幸福就是别苛求 81

"懒人"长寿 83

不要耗尽所有精力和热情 86

是什么始终不能让我满意 88

五 当我们放下那些贪念，就能获得更大的快乐

金钱会腐蚀心灵的色泽 94

有钱固然好，但是大量的财富却是桎梏 96

不幸福是因为不知足 99

人生的价值 101

泛滥成灾的欲望，往往会将一个人毁灭 103

心 病 106

六 丝毫必争不如通达相让，懂得低头才能安然若定

快意时，须早回首 110

三思而后行 113

好好克制你的坏脾气 115

无所谓的伤害，没有执着的必要 117

古龙的争与让 120

七　活出生命的真谛，做好自己应该做的

人比人，气死人 124

有缺陷并不一定是坏事 126

深陷苦恼的泥潭，只会与快乐无缘 128

放下消极的负累 131

甜甜圈与小空洞 134

把失望的焦虑赶出心中 137

打开心窗 139

八　在失去自我的体验中，再一次找到自己

活出自我 144

永远不要寄希望于他人 146

你心灵的完整性不容侵犯 147

守住你内心的个性 150

别让别人的意见左右你的生活 153

你要谨守自己的底线 155

九　婚姻如棋，静心走好每一步

婚姻如棋，只有和棋而无赢家 160

| 目 录 |

别把爱情理想化 161

你要找她（他）谈谈 164

要幸福就别太计较 167

过去的就让它过去 168

爱情不是拿来做考验的 170

亲密也要有间 172

生活枯燥，就给爱情加点佐料 175

维持婚姻不难，只要一个人肯做"呆子" 178

为所爱的人受点委屈，叫作幸福 181

"夹心饼干"的苦恼 184

爱一个人没有界限 186

糟糠之妻不下堂 189

十 最打动人的，就是那份宽容

为了自己，宽恕伤害 196

有一种恶魔叫仇恨，你不理睬它，它便小如当初 199

那些所谓的不公，根本不值一提 200

多记着别人的好处，矛盾就化解了 203

为你的对手喝彩 204

做到了宽容，你就是美的化身 206

用宽恕的心灵与世界对话 208

十一　无论别人如何，你都要把善念保留

一念菩提，一念魔鬼 214

修好那扇"破窗" 216

世界厌恶冷漠 218

一个人妒火中烧的时候，与疯子无异 221

有错不怕，改了就好 224

十二　简单是福，找到柴米油盐中的那份安详

快乐其实并不远 230

简单的生活，快乐的源头 232

平平淡淡才是真 234

人生，只要适和自己就好 236

扫除不应有的负累 239

生命的意义 241

一

别怪世界变化快，是你的心太吵闹

我们的心灵深处总有一种力量让我们茫然不安，无法宁静，心浮气躁，仿佛心里有众多东西蠢蠢欲动，但又没有清晰的落脚点，只有让它到处飘荡，不得心安……

心中总是很焦虑

　　有人说这个世界很压抑，其实是人心太焦虑。所以我们遗憾地看到，虽然今时今日娱乐方式不可尽数，然而焦虑症患者却在不断增多；物质条件日益改善，然而轻生者却屡屡出现。这些归根结底源于人的心理问题。也就是说，人们的心灵很混乱，因为混乱所以焦虑。

　　凭心而论，每个人都有压力，谁都会遇到难心之事，不过，那些心胸豁达的人挺一挺也便过去了，而那些心事过重的人却徘徊在自己的情绪中，无论如何也想不开。或许这些人每天想的是"我"、"我想"、"我要"、"我爱"，那么他就活得很狭隘，承担不起该承担的责任，走不出焦虑的世界。其实不管男人女人，无一不是爱自己的，这一点无可厚非，那些内心焦虑，甚至想自杀的人，无非是因为觉得自己受到了某些难以忍受的伤害，那么，是不是真的难以忍受呢？我们不妨看看下面这则故事：

　　一位诗人爱上了一个美丽女子，而那个女子却无情地拒绝了他的示爱。诗人的家人非常担忧，怕他会自杀，都试着说服他。但他们越是这样，他就越认为自己应该自杀。他的家人不知道该怎么办，就把他的门锁起来，但他开始用头去撞门，家人变得手足无措。

　　突然间，他们想到了诗人的朋友——一位颇有声望的哲学家，于是他们就请来哲学家，看能不能劝住发疯的诗人，至少他们是同一种信仰。

哲学家去时，诗人正用头在撞门，看样子他真的很伤心，完全下定决心了。

哲学家告诉他："你为什么要把这出戏演得这么大？如果你想自杀，你就自杀，为什么要制造出这么大噪音？只用头撞门你是不会死的。所以，你跟我来，我们可以爬上楼去，从十几层跃下，何其痛快！为什么在这里搞得大家心神不宁？"

诗人不再用头撞门，他感到困惑：堂堂一个哲学家，又是友人，居然劝他跳楼？！

哲学家继续说："把门打开，不要再引来一大堆的观众，为什么要这么演戏，你只要跟我来，我们上楼，保证你很快会从这个世界上消失。"

诗人将门打开，看着哲学家一脸困惑。于是哲学家拉住他的手，把他用力地拉出来。

诗人随着哲学往楼上走，变得越来越害怕。

他们到了楼顶，诗人突然变得很生气："你是我的朋友还是我的敌人？你好像想要杀死我。"

哲学家辩解说："是你想要死，作为朋友我责无旁贷，我必须帮助你。我已经准备好了，现在我们就去栏杆那儿。今夜很美，月亮已经出来了，正是个好时候。"

诗人脸色煞白，嘶喊道："你以为你是谁？是上帝吗？你可以强迫我去死吗？"

哲学家说："你看看！这就跟你信仰上帝一样，有口无心。你心仪的那个女子，心不向你打开，你就得不到她的爱；同样地，你的心不向上帝打开，他能接你去他的地盘吗？"

一些人在生活中遭遇重大挫折以后，会像故事中的诗人一样，在生与死之间选择后者。然而，自杀并不是解决问题的办法，死，不是痛苦的结束。佛教讲善终，能够善终才能往生善道，才能得到真正的解脱。我们应重视重视生命，反对任何戕害生命的做法，应该在有生之年，发挥生命的光与热，以奉献一己、服务大众来扩大生命的价值与意义，延续生命的希望与未来，这才是正当的信仰之道，也才是我们面对人生应有的正确态度。

现代人工作忙碌，加上许多人因为追求完美、希望获得他人肯定而不断给自己施加压力，又过度压抑情绪，焦虑指数也就一直降不下来，一旦时间久了就容易出现焦虑症。因此适时为情绪找出口，尤显重要。

想要真正走出生命"忧"谷，除了可求助精神科医师或心理咨询师等专业治疗外，对当事者而言，最重要的还是要找出自己的压力源头，学习如何处理压力、解决问题，才能避免压力如影随形，压得人喘不过气。

除了找出压力源外，如何舒解压力也是增加保护因子的良方，进行运动、旅游、散步、打坐、瑜伽等都是不错的方式。

现实生活中，焦虑症患者常因为情、财、事业等问题所困，但无论是何种原因导致焦虑，归根结底，就是人们常常不懂得适时放下，也就是遇到困境无法转换光明、正向的念头。那么很显然，遇事多向好的一方面去考虑，你的焦虑、心结自然也就解开了。

越浮躁，越做不好

在人生旅途中，有太多的未知因素影响着我们，既有顺境亦有逆境。或许此时，我们风生水起、无往不利；或许彼时，我们步履艰难、如履薄冰。面对人生中的林林种种，倘若我们能够抱持"任凭风浪起，稳坐钓鱼船"的态度，将心置于安定之中，不随外物流转而变动，我们的生活就会潇洒许多。

然而很多时候，我们的心总是会被某种因素打乱平静，致使原本聪明的人也变得不那么聪明，一如下面这个故事中的主人公：

从前，有一位神射手，名叫后羿。他练就了百步穿杨的好本领，立射、跪射、骑射样样精通，而且箭箭都能正中靶心，从来没有失过手。人们争相传颂他高超的射技，对他敬佩有加。

夏王也对这位神射手的本领早就有所耳闻呢，很是希望他的表演。于是有一天，夏王将后羿召入宫中，要后羿单独给他一个人表演一番，以便尽情领略他那炉火纯青的射技。

夏王命人将后羿带到御花园，寻了一处开阔地，叫人拿来了一块一尺见方、靶心直径大约一寸的兽皮箭靶，并用手指着说："今天请你来，是想请你展示一下你那精湛的射箭本领，这个箭靶就是你的目标。为了使这次表演不至于因为没有竞争而沉闷乏味，我来给你定个赏罚规则：如果射中了，我就赏赐给你黄金万两；如果射不中，那就要削减你一千户的封地。现在请先生开始吧。"

后羿听了夏王的话，一言不发，面色变得凝重起来。他慢慢走到离箭靶一百步的地方，脚步显得相当沉重。然后，后羿取出一支箭搭上弓弦，摆好姿势拉开弓开始瞄准。

想到自己这一箭出去可能发生的结果，一向镇定的后羿呼吸变得急促起来，拉弓的手也微微颤抖，拉弓数次都没有将箭射出去。最后，后羿终于下定决心松开了弦，箭应声而出，"啪"地一声钉在距离靶心足有几寸的地方。后羿脸色瞬息苍白起来，他再次弯弓搭箭，精神却更加难以集中，射出去的箭也就偏得更加离谱。

后羿收拾弓箭，勉强陪笑向夏王告辞，悻悻地离开了王宫。夏王在失望的同时掩饰不住心头的疑惑，于是问手下道："这个神箭手后羿平时射起箭来百发百中，为什么今天跟他定下了赏罚规则，他就大失水准了呢？"

手下解释说："后羿平日射箭，不过是一般练习，在一颗平常心之下，水平自然可以正常发挥。可是今天他射出的成绩直接关系到他的切身利益，叫他怎能静下心来充分施展技术呢？看来一个人只有真正把赏罚置之度外，才能成为当之无愧的神箭手。"

利益之下，人往往会患得患失，倘若过分计较自己的利益，则成功必然会与我们相距甚远。我们应该认识到，人无论在何种情况下，都要尽量保持平常心。然而在现实生活中，事与愿违的事情时有发生，往往令我们意不能平。其实，我们所拥有的，无论是顺境还是逆境，都是上天对于我们最好的安排。倘若能够认识到这一点，你便能在顺境中心存感恩，在逆境中依旧心存喜乐。

浮躁不仅是人生的大敌，还是各种心理疾病的根源所在。浮躁是我们成功路上的最大绊脚石。人一旦浮躁起来，就会进入一种紧张状态中，火气变大，神经越发紧张，久而久之便演化成一种固定性格，使人在任何环境下都无法平静下来，因而会在无形中做出很多错误的判断，造成诸多难以弥补的损失。长此以往，便会形成一种恶性循环，终使我们被淹没于生活的急流之中。所以说，一个人若想在人生中有所建树，首先就要平心静气，其次便是要脚踏实地。

忧虑改变不了任何事实

忧虑是一种过度忧愁和伤感的情绪体验。正常人都会有忧虑的时候，但如果是毫无原因的忧虑，或虽有原因但不能自控，显得心事重重、愁眉苦脸，就属于病态忧虑了。如果一个人不及时调整，一直忧虑下去，那么他只是在折磨自己，事情也不会发生任何改变。

一个商人的妻子，不停地劝慰着她那在床上翻来覆去、折腾了足有几百次的丈夫："睡吧，别再胡思乱想了。"

"老婆啊！"丈夫说，"几个月前，我借了一笔钱，明天就到还钱的日子了。可你也知道，咱家现在哪儿有钱啊！可是借给我钱的那些邻居们比蝎子还毒，我要是还不上钱，他们能饶得了我吗？为了这个，我能睡得着吗？"他接着又在床上继续翻来覆去。

妻子试图劝他，让他宽心："睡吧，等到明天，总会有办法的，我们说不定能筹到钱还债的。"

"不行了，实在是睡不着，一点儿办法都没有！"

最后，妻子忍耐不住了，她爬上房顶，对着邻居家高声喊道："你们知道，我丈夫欠你们的债明天就到期了。现在我们告诉你们，我丈夫明天没有钱还债！"喊完她就跑回卧室，对丈夫说："这回睡不着觉的不是你，而是他们了。"

如果像故事中的主人公一样，凌晨三四点的时候，你还在忧虑，似乎全世界的重担都压在你肩膀上：到哪里去找一间合适的房子？去哪里找一份好一点的工作……内心的忧虑使你在那里碾转翻腾。那么你只要采取一个简单的步骤，对自己说一句简短的话，说上几遍，每一次要深呼吸，放松，然后对自己说，同时心里想："不要怕。"

　　深呼吸，睁开眼睛，再轻松地闭起来，告诉自己："不要怕。"仔细想想这些有魔力的字句，而且要真正相信，不要让你的心仍彷徨在恐惧和烦恼之中。

　　我们不能将忧虑与计划安排混为一谈，虽然二者都是对未来的一种考虑。未来的计划有助于你现实中的活动，使你对未来有自己的具体想法与行动指南。而忧虑只是因今后可能发生的事情而产生惰性。忧虑消极而无益，既然你是在为毫无积极效果的行为浪费自己宝贵的时光，那么你就必须改变这一缺点。

　　请记住，世上没有任何事情是值得忧虑的。你可以让自己的一生在对未来的忧虑中度过，然而无论你多么忧虑，甚至抑郁而死，你也无法改变现实。

别让妄念徘徊不散

　　我们的大脑犹如一个大容器，装进什么样的信息就储存什么样的信息。如果通过各种信息渠道得到的都是暴力、色情、拜金主义及现实社会中的利益争斗，这些不良信息就会在我们的大脑中产生各种妄念，而且这些妄念不会自生自灭，经过一段时间之后会逐渐形成固定的观念就长久地占据人的大脑。清除妄念的最好方法就是大量接受真诚、善良、宽容等良性信息，以人的正念取代脑中的妄念与邪念。

妄念，又称为"妄想"。例如，我们早晨睁眼，脑筋里不断想事情，种种念头、种种幻想、公事私事、人我是非、历年的陈年往事，就会像过电影一样一幕一幕地过去，又像奔流不息的瀑布，没有一分一秒停止。心中有很多割舍不下的事或物，那么妄念是很难被清除的。

对待妄念，我们要记住两个词：一个是"不忘"，另一个为"不起"。妄念生起时，不压制它、不随它跑，不产生任何爱憎、取舍之心，才能感悟到逍遥人生。

相传有一位名叫金碧峰的高僧，他有很深的禅定功夫，已经到达无念的境界，只要一入定，任何人都找不到他。

有一天，皇帝送他一个紫金钵。他心里非常高兴，于是对钵起了贪爱之念。

那日，金碧峰的阳寿将尽，阎罗王派了两个小鬼前来索命，可是任他们东寻西找，就是找不到金碧峰的魂魄。

两个小鬼不知道该怎么办。于是去找"土地"帮忙，"土地"对小鬼说："金碧峰已经入定了，你们根本找不到他的。"

两个小鬼央求"土地"为他们出个主意，否则回去没法向阎罗王交差。

"土地"想了一想说："金碧峰他什么都不爱，就爱他的紫金钵，如果你们想办法找到他的紫金钵，轻轻地弹三下，他自然就会出定。"

于是，两个小鬼东找西找，找到了紫金钵，轻轻地弹了三下。

紫金钵一响，果然，金碧峰出定了！说："是谁在碰我的紫金钵。"

小鬼就说:"你的阳寿尽了,现在请你到阎王爷那儿去报到。"

金碧峰心想:"糟了!自己修行这么久,结果还是不能了脱生死,都是贪爱这个钵害的!"

于是,就跟小鬼商量:"我想请几分钟的假,去处理一点事情,处理完后,我马上就跟你们走。"

小鬼说:"好吧!就给你几分钟。"

于是金碧峰将紫金钵往地上一摔,砸得粉碎。然后,双腿一盘,又入定去了。这一回,任两个小鬼再怎么找,也找不到他了。

其实人人都有妄念,即便是入定的高僧也未必就能免俗,只是我们应该对着妄念有所控制,不要让它伤害了我们的本性、我们的生活。须知,这个尘世间全部妄念,对于生命而言,不过是一抹尘烟。心乱则妄念必至,心静则一片澄净。我们的心原本纤尘不染,只因为外界的物象所迷惑,才如明镜蒙尘一般,晦暗不清。

我们的心若思人间善事,心便是天堂,思人间恶事,心便堕为地域;生人间慈悲,处处皆菩萨,生龌龊欲念,人便沦为牲畜;心中有智慧,则无处不乐土,心中多愚痴,则处处是桎梏。

心中有事世间小

无论这世间如何变化,只要我们的内心不为外境所动,则一切是非、一切得失、一切荣辱都不能影响我们,在这种状态下,我们的内心世界将是无限宽广的。换而言之,心外世界如何其实并不重要,重要的是我们的内心世界。内心开阔,即便我们身居囹圄,亦可转境,将小小囚房视为大千世界；内心狭隘，即便我们睡在皇宫，也是会感到焦虑异常的。

有这样一个故事，就十分贴切地说明了这个道理：

一个罪犯的丑事大白于天下，定罪以后被关押在某监狱。他的牢房非常狭小、阴暗，住在里面很受拘束。罪犯内心充满了愤慨与不平，他认为这间小囚牢简直就是人间炼狱。在这种环境中，罪犯所想的并不是如何认真改造，争取早日重新做人，而是每天都要怨天尤人，不停叹息。

一天，牢房中飞进一只苍蝇，它嗡嗡叫个不停，到处乱飞乱撞。罪犯原本就很糟糕的心情被苍蝇搅得更加烦躁。他心想：我已经够烦了，你还来招惹我，是在故意气人吗？我一定要捉到你！他小心翼翼地捕捉，无奈苍蝇比他更机灵，每当快要被捉到时，它就会轻盈地飞走。苍蝇飞到东边，他就向东边一扑；苍蝇飞到西边，他又往西边一扑……捉了很久，依然无法捉到。最后，罪犯叹气道："原来我的小囚房不小啊，居然连一只苍蝇都捉不到。"

感慨之余，罪犯突然领悟到：人生在世无论称意与否，若能做到心静，则万事皆可释怀，若能做到心静，自己也绝不至于身陷囹圄。心中有事世间小，心中无事天地宽。这就是解除人生躁乱的根本之道。如果我们在遭遇问题、困难、挫折时，能够放平心态，以一颗平常心去迎接生活中的一切，那么，我们的世界就会变得无限宽广。

心灵的困窘，是人生中最可怕的贫穷，同理，心灵的平和，也是人生最大的富足。一个人，倘若在外界的刺激中依然能够活得快乐自得，那么，他就能守住内心的那份清净。然而，我们多是普通人，每日穿梭于嘈杂人流之中，置身于喧嚣的环境之下，又有几人能够做到清静呢？于是，我们之中的很多人需要寄托于外界刺激来感受自己的存在；于是，很多人开始沉溺于声色犬马之中，久久不能自拔；于是，很多人为求安宁，自诩为"隐者"，远避人群。殊不知，故意离开人群便是执着于自我，刻意去追求宁静实际是骚动的根源，如此又怎能达到将自我与他人一同看待、将宁静与喧嚣一起忘却的境界呢？

　　也就是说，求得内心的宁静在于心，环境在于其次。否则把自己放进真空罩子里不就行了吗？其实，这样的环境虽然宁静，假如不能忘却俗世事物，内心仍然会是一团烦杂。何况既然使自己和人群隔离，同样表示你内心还存有自己、物我、动静的观念，自然也就无法获得真正的"宁静和动静如一"的主观思想，从而也就不能真正达到身心俱宁的境界。

　　真正的心静之人，对于外界的嘈杂、喧嚣具有极强的免疫功能，他们听东西就像狂风吹过山谷造成巨响，过后却什么也没有留下；他们内心的境界就像月光照映在水中，空空如也，不着痕迹。如此一来，世间的一切恩恩怨怨、是是非非，便都宣告消失了，这才是真正的物我两相忘。

　　当然，以现实状况来看，绝对的境界，即人的感官不可能一点不受外物的感染，但要提高自身的修养，加强意志锻炼，控制住自己的种种欲望，排除私心杂念，建立高尚的情操境界却是完全可能的。那么，就让我们从今开始，由己及彼，从心着手，静化灵魂，则我们一定会受益匪浅。

心静才能生智慧

这世间万物皆有心。天有天心，天心静，则万籁俱寂，幽然而静美；人有人心，人心静，则心若碧潭，静如清泉……须知，身静乃是末，心静才是本。其实只要我们能够静下心来，便可以聆听到外界的很多声音，一如风过竹林的簌簌色、雨打芭蕉的滴答声、窗外鸟叫虫鸣的啾啾声……人的心，多在静时较为敏锐，由此，外面的境界亦历历可辨。倘若我们在静谧之中能够多用些心，智慧便会从中而生。

听过这样一则小故事：

某人在家中遗失了一只名贵手表，内心十分心急，遂请亲朋好友帮忙寻找。

于是，众人将家中的瓶瓶罐罐、箱箱柜柜都翻了个遍，但依旧毫无所获。最后，众人都累得气喘吁吁，只好稍作休息。手表主人感到非常沮丧，这时一位年轻人自告奋勇，要独自再去寻找。

他要求众人在房外等候，独自走进了房间，却坐在床上一动不动。

众人感到非常诧异，他不是要找手表吗，怎么一直不见他有所行动？所以大家也都静静地看着这位年轻人，想知道他葫芦里究竟卖的是什么药。

过了片刻，年轻人突然起身钻入床下，出来时手中拎着一只手表。

大家又喜又惊，纷纷问他："你怎么会知道手表在床下呢？"

年轻人莞尔一笑:"当心静下来时,就可以听到手表的滴答声,自然便知道它在哪儿了。"

心静,是人生的一种境界,亦是一种智慧、一种思考,更是人生成功的必要成本。若想做到心静,就必须具备一种豁达自信的素质,具备一份恬然和难得的悟性。印度著名诗人泰戈尔曾经说过:"给鸟儿的翅膀缚上金子,它就再也不能直冲云霄了。"这个纷纷扰扰的大千世界处处充斥着诱惑,一个不留神,就会在我们心中激起波澜,致使原来纯净、澄清、宁静的心灵泛起喧哗和浮躁,我们就会在人生的道路上迷失方向。正所谓"心宁则智生,智生则事成",平心静气,心无杂念才是我们成功的关键所在。

我们做人,唯有高树理想与追求,淡看名利与享受,才能处身于浮华尘世而独守心灵的一方净土;才能坦对世间种种诱惑而心平如镜不泛一丝波澜。须知,唯有保持心的清静,我们才能书写一段精彩的人生。

保持平常心

生活就如同弹琴,弦太松弹不出声音,弦太紧会断,保持平常心才是悟道之本。我们普通人的心灵修炼也是如此,需要一份定力,不因荣而骄,亦不因辱躁,荣辱不惊,保持平常心。这是人生的一种境界,它不是平庸,而是来自灵魂深处的坦白,是源于对现实清醒的认识。人生在世,最舒心的享受不一定是荣誉的满足,而是性情的安然与恬淡。因此,用一颗平常心去对待、解析生活,我们才能领悟到生活的真谛。

其实，我们本就是平常的人，过着平常的生活，只是有些时候，我们的心"不平常"了，我们刻意去追求一些虚无的东西，或者说我们把一些无谓的东西看得过重，于是我们开始忧喜交加、若疯若狂。这就让我们的身与心承载过大的负荷，所以多数时候，我们活得很累。大家看看那些悟透人生真谛的人，他们总是把心放在平常处，不以物喜，也不以己悲，所以他们活得总是那么地恬然。

居里夫人想必大家都知道，她曾两度获得诺贝尔奖，她的人生态度是怎样的呢？得奖出名之后，她照样钻进实验室里埋头苦干，把象征成功和荣誉的金质奖章给小女儿当玩具。一些客人眼见此景非常惊讶，而居里夫人却淡然地笑了，她说："我要让孩子们从小就知道，荣誉就像玩具一样，只能玩玩罢了，绝不能永远地守着它，否则你将一事无成。"

多么精辟的一句话，不管是荣誉还是其它，你若是把它看得太重，一心想着它、念着它，对它的期望过高，那么心就一定会乱。于是出点成绩便沾沾自喜、洋洋自得，受了挫折就垂头丧气、哭天抢地，试想在这样的状态下，我们又怎能安下心做事？所以说，人还是随性一些好，让心中多一点得失随缘的修为，这样，纵使身处逆境，我们依然能够从容自若，以超然的心情看待苦乐年华，以平常的心情面对一切荣辱。

人生在世，生活中有褒有贬、有毁有誉、有荣有辱，这是人生的寻常际遇，不足为奇，但我们对于这些事情的态度却需要有所注意。有一些人，面对从天而降的灾难，处之泰然，总能使平常心和开朗永驻心中；也有一些人面对突变而方寸大乱，甚至一蹶不振，从此浑浑噩噩。为什么受到同样的心理刺激，不同的人会产生如此大的反差呢？原因在于能否保持一颗平常心，荣辱不惊。

事实上只要想明了、悟透了，我们每个人都做得到。我们根本不需要在意外界带给我们的刺激，就算我们现在身份卑微，也不必愁眉苦脸，完全可以快乐地抬起头，尽情享受阳光；就算我们没有骄人的学历，也不必怨天尤人，完全可以保持一种积极的人生态度。我们根本不必去羡慕别人如何如何，只要我们拥有一份平和的心态，尽自己所能，选择自己的人生目标，勇敢地面对人生的各种挑战，无愧于社会、他人和自己，那么，我们的人生就是坚实厚重的。

当然，保持平常心不是要我们彻底地安于现状。人类的伟大在于永不休止地追求和渴望，历史的嬗变在于千百万创造历史的人们永无休止地劳作。生命是一个过程，而生活是一条小舟。当我们驾着生活的小舟在生命这条河中款款漂流时，我们的生命乐趣，既来自对伟岸高山的深深敬仰，也来自于对草地低谷的切切爱怜；既来自于与惊涛骇浪的奋勇搏击，也来自于对细波微澜的默默深思，这就是平常心。

常为心灵除尘

我们在世间走得太久，心灵便不可避免地会沾染上尘埃，使原来洁净的心灵受到污染和蒙蔽。所以，我们应该时刻修正自己的身心，及时清除心中的杂质，洗涤心灵的污垢，让自己纯净的心灵重新显现。如此，我们便可行得正，坐得端，无烦恼。

其实人心就好比一面镜子，只有拭去镜面上的灰尘，镜子才能光亮，才能照清人的本来面目。所以，我们要常常为自己的心灵除尘，以求还原我们纯真、善良的本性。

佛陀在世时，有一位弟子叫周利槃陀迦，本性十分愚笨，怎么教都记不得，连一首偈，他都是念前句忘后句，念后句忘前句的。

一天，佛陀问他："你会什么？"

周利槃陀迦惭愧地说道："师父，弟子实在愚钝，辜负了您的一番教诲，我只会扫地。"

佛陀拍拍他的肩头说："没有关系，众生皆有佛性，只要用心你一定会领悟的。我现在教你一偈，从今以后，你扫地的时候用心念'拂尘扫垢'。"

听了佛陀的话，愚钝的周利槃陀迦每次扫地的时候都很用心地念，念了很久以后，突然有一天他想道："外面的尘垢脏时，要用扫把去扫，而内心污秽时又要怎样才能清扫干净呢？"

就这样，周利槃陀迦终于开悟了。

禅者认为随其心净则国土净，故有情众生都应随时随地除去自己心上的落叶，即所谓"拂尘扫垢"，还自己一片清静。

其实，人之初，心本净，刚出生的小孩，心地是多么纯净，多么透明，那份天真多么可爱，让人忍不住要去爱怜。但是随着他们的长大，很多孩子开始变得越来越不可爱，到后来甚至十分令人讨厌，这是为什么？为何保持一份内心的洁净是如此困难？红尘浊世，是什么改变了我们？是它们，是生活中的财、色、利、贪、懒……它们时刻潜伏在我们的周围，像看不见的灰尘一样无孔不入。时间长了，不去清扫，我们的心上就会积着厚厚的一层，灵智被蒙蔽了，善良被遮挡了，纯真亦不复见了。

那些尘埃，颗粒极小、极轻。起初，我们全然不觉它们的存在，比如一丝贪婪、一些自私、一点懒惰，几分嫉妒、几缕怨恨、几次欺骗……这些不太可爱的意念，像细微的尘灰，悄无声息地落在我们心灵的边角，而大多数的人并没注意，没有及时去清扫，结果越积越厚，直到有一天它们完全占满了我们的内心，我们便再也找不到自我了。

是的，落叶之轻，尘埃之微，刚落下来时的确难有感觉，但若是存得久了、积得多了，你还不去清扫，那就是对自己太过放纵了。诚然，在生命的过程中，也许我们无法躲避飘浮的微尘，但千万不要忘记随时做个清理。

淡泊的意境并非遥不可及

人心如长河，常在流转荡漾，难得片刻安宁。用庄子的话说，叫做"日与心搏"。很多人都是这样，内心澄净的时候少，燥乱的时候多，将大量精力投入到与内心的搏斗之中：有所得之时，兴奋之情溢于言表；有所失时，则伤心欲绝、不能自已；心有所虑，食不下咽、辗转难眠；心有所思，眉黛紧锁、日渐憔悴……得失爱恨，无不心潮迭起，心态失衡，久久无法平静。人若是这样活着，累不累？

其实，真的很累。然而，人活着，就要经历这个世界的沧桑变幻，就要体会这人世间的得失爱恨、是是非非，我们很无奈，因为这是一种必然，我们无力改变。不过，我们可以改变自己的心境，情由心生，如果说我们能让自己的心释然一些，淡看春花秋月，淡看沧海桑田，淡看人世间的是是非非、错综复杂，我们就能卸下那份负累，活得恬然自得，悠然自在。

然而，人性毕竟太过软弱，常经不起喧嚣尘世的折磨。于是我们之中有些人贪恋富贵，遂被富贵折磨得寝食难安；有些人沉迷酒色，从此陷入酒池肉林，日益沉沦；有些人追逐名利，致使心灵被套上名缰利锁，面容骤变，一脸奴相……试想，倘若我们心中能够多一些淡薄，能够参透"人闲桂花落，夜静春山空；月出惊山鸟，时鸣春涧中"的意境，是不是就能在宁静中得到升华，抛弃尘滓，让心从此变得清澈剔透？

这是不言而喻的，你看那古今圣贤，哪个不是以"淡泊、宁静"为修身之道？在他们看来，做人，唯有心地干净，方可博古通今，学习圣贤的美德。若非如此，每见好的行为就偷偷地用来满足自己的私欲，听到一句好话就借以来掩盖自己的缺点，这是不能领悟人生大境界的。

近期，读了林怀民的《跟云门去流浪》、赖声川的《赖声川的创意》以及和蔡志忠的《天才学习法》。

这三个人可能大家不是很熟悉。

林怀民，被誉为融东西方舞蹈、舞台剧于一炉的第一人；赖声川的舞台剧则以不断推陈出新广受赞誉；蔡志中的漫画将先贤的智慧从晦涩的古文中释放出来，以轻松幽默的方式展现给读者，可以说是传承古文化的一大功臣。

你去细品他们的作品就会发现，这三个人有一个共通点：他们都懂得："静心"。

林怀民将太极和静坐编入了舞者的日常训练课程；赖声川发现了创意来自生活的经验和静心的修炼；蔡志忠在创作过程中不知不觉被佛、道两家的思想所熏陶，由此境界不断提升。

可以说，这些人的成功，都源于他们突破了世俗和自我的框框。

读书修学，在于安于贫寒心地安宁。美文佳作，却是人间真情。心地无瑕，犹如璞玉，不用雕琢，而性情如水，不用矫饰，却馥郁芬芳。读书寂寞，文章贫寒，不用人家夸赞溢美，却尽得天机妙味，体理自然。

可见，淡泊的意境并非遥不可及，重点在于认清淡泊的真义。对于淡泊的错误解读有两种，一种是躲避人生，一种是不求作为，前者消极避世、废弃生活之根本，却冠冕堂皇地冠以淡泊之名，淡泊由此成了一种美丽的托辞；后者将淡泊与庸碌相提并论，扭曲真意，于是淡泊不幸沦为不求上进、不求作为的借口，实在亵渎这种超脱的意境。

其实淡泊并非单纯地安贫乐道。淡泊实为一种傲岸，其间更是蕴藏着平和。为人若能淡看名利得失，摆脱世俗纷扰，则身无羁勒，心无尘杂，由此志向才能明确和坚定，不会被外物所扰。

淡泊不是人生的目标，而是人生的态度。为人一世，自然要志存高远，但处世的态度则应尽量从容平淡，谦虚低调，荣辱不惊，在日常的积累中使人生走向丰富。当人生达到一定高度时，再回归平淡，盛时常作衰时想，超脱物累，与白云共游。

淡泊宁静所求的是心灵的洁净，禅意盎然。莲池大师在《竹窗随笔》有云："尔来不得明心见心性，皆由忙乱覆却本体耳；古人云，静见真如性，又云性水澄清，心珠自现，岂虚语哉。"由此可见，淡泊生于心的宁静，倘若内心焦躁，即便我们有心修行淡泊的境界，亦是枉然，更别提淡泊明志、宁静致远了。相反，倘若我们内心宁静，就不会流连于市井之中，不会被声色犬马扰乱心智。心中宁静，则智慧升华，我们的灵魂亦会因智慧得到自由和永恒。

所以别忘了告诉自己：

不管世界多么热闹，热闹永远只占据世界的一小部分，热闹之外的世界无边无际，那里有着"我"的位置，一个安静的位置。这就好像在海边，有人弄潮，有人嬉水，有人拾贝壳，有人聚在一起高谈阔论，而"我"不妨找一个安静的角落独自坐着。是的，一个角落——在无边无际的大海边，哪里找不到这样一个角落呢——但"我"看到的却是整个大海，也许比那些热闹地聚玩的人看得更加完整。

二
那些成长中的忧伤，不必念念不忘

我们的心底五味陈杂，空荡荡地感到难过，仿佛刚刚经历了一场前世今生的穿越。我们并没有错，只是被记忆错爱了。

你可以去怀旧，但也别忘了活在现在

所谓"活在现在"，就是指活在今天，今天应该好好地生活。这其实并不是一件很难的事，我们都可以轻易做到。只是有些人似乎过于沉溺在过去的事情中，不能自拔，因而伤害了自己。

淑娟是某高校一名普通的学生。她曾经沉浸在考入重点大学的喜悦中，但好景不长，大一开学才两个月，她已经对自己失去了信心，连续两次与同学闹别扭，功课也不能令她满意，她对自己失望透了。

她自认为是一个坚强的女孩，很少有被吓倒的时候，但她没想到大学开学才两个月，自己就对大学四年的生活失去了信心。她曾经安慰过自己，也无数次试着让自己抱以希望，但换来的却只是一次又一次的失望。

以前在中学时，几乎所有老师跟她的关系都很好，很喜欢她，她的学习状态也很好，学什么像什么，身边还有一群朋友，那时她感觉自己像个明星似的。但是进入大学后，一切都变了，人与人的距离好像变远了，自己的学习成绩又如此糟糕。现在的她很无助，她常常这样想：我并没比别人少付出，并不比别人少努力，为什么别人能做到的，我却不能呢？她觉得明天已经没有希望了，她想难道12年的拼搏奋斗注定是一场空吗？那这样对自己来说太不公平了。

进入一个新的学校，新生往往会不自觉地与以前相对比，而当困难和挫折发生时，产生"回归心理"更是一种普遍的心理状态。淑娟在新学校中缺少安全感，不管是与人相处方面，还是自尊、自信方面，这使她长期处于一种怀旧、留恋过去的心理状态中，如果不去正视目前的困境，就会更加难以适应新的生活环境、建立新的自信。

不能尽快适应新环境，就会导致过分怀旧。一些人在人际交往中只能做到"不忘老朋友"，但难以做到"结识新朋友"，个人的交际圈也大大缩小。此类过分的怀旧行为将阻碍着你去适应新的环境，使你很难与时代同步。回忆是属于过去的岁月的，一个人应该不断进步。我们要试着走出过去的回忆，不管它是悲还是喜，不能让回忆干扰我们今天的生活。

一个人适当怀旧是正常的，也是必要的，但是因为怀旧而否认现在和将来，就会陷入病态。不要总是表现出对现状很不满意的样子，更不要因此而过于沉溺在对过去的追忆中。当你不厌其烦地重复述说往事，述说着过去如何如何时，你可能忽略了今天正在经历的体验。把过多的时间放在追忆上，会或多或少地影响你的正常生活。

我们需要做的是尽情地享受现在。过去的再美好抑或再悲伤，那毕竟已经因为岁月的流逝而沉淀。如果你总是因为昨天而错过今天，那么在不远的将来，你又会回忆着今天的错过。

在已逝的岁月里，我们毫无抗拒地让生命在时间里一点一滴地流逝，却做出了分秒必争的滑稽模样。说穿了，回到从前也只能是一次心灵的谎言，是对现在的一种不负责的敷衍。朱熹在《劝学》中说："少年易学老难成，一寸光阴不可轻。未觉池塘春草梦，阶前梧叶已秋声。"可见，"世界上最宝贵的就是'今'，最容易丧失的也是'今'，因为它最容易丧失，所以更觉得它宝贵。"所以，过去的已然过去，就不要一直把它放在心上。

该忘的，就把它忘掉吧

人的本性中有一种叫做记忆的东西，美好的容易记着，不好的则更容易记着。所以大多数人都会觉得自己不是很快乐。那些觉得自己很快乐的人是因为他们恰恰把快乐的记着，而把不快乐的忘记了。这种忘记的能力就是一种宽容，一种心胸的豁达。生活中，常常会有许多事让我们心里难受。那些不快的记忆常常让我们觉得如梗在喉。而且，我们越是想，越会觉得难受，那就不如选择把心放得宽阔一点，选择忘记那些不快的记忆，这是对别人，也是对自己的宽容。

可以说人的一生由无数的片段组成，而这些片断可以是连续的，也可以是风马牛毫无关联的。说人生是连续的片断，无非是人的一生平平淡淡、无波无澜，周而复始地过着循环往复的日子；说人生是不相干的片断，因为人生的每一次经历都属于过去，在下一秒我们可以重新开始，可以忘掉过去的不幸、忘掉过去不如意的自己。

在雨果不朽的名著《悲惨世界》里，主人公冉·阿让本是一个勤劳、正直、善良的人，但穷困潦倒，度日艰难。为了不让家人挨饿，迫于无奈，他偷了一个面包，被当场抓获，判定为"贼"，锒铛入狱。

出狱后，他到处找不到工作，饱受世俗的冷落与耻笑。从此他真的成了一个贼，顺手牵羊，偷鸡摸狗。警察一直都在追踪他，想方设法要拿到他犯罪的证据，以便把他再次送进监狱，他却一次又一次逃脱了。

在一个风雪交加的夜晚，他饥寒交迫，昏倒在路上，被一个好心的神父救起。神父把他带回教堂，但他却在神父睡着后，把神父房间里的所有银器席卷一空。因为他已认定自己是坏人，就应干坏事。不料，在逃跑途中，被警察逮个正着，这次可谓人赃俱获。

当警察押着冉·阿让到教堂，让神父辨认失窃物品时，冉·阿让绝望地想："完了，这一辈子只能在监狱里度过了！"谁知神父却温和地对警察说："这些银器是我送给他的。他走得太急，还有一件更名贵的银烛台忘了拿，我这就去取来！"

冉·阿让的心灵受到了巨大的震撼。警察走后，神父对冉·阿让说："过去的就让它过去，重新开始吧！"

从此，冉·阿让洗心革面，重新做人。他搬到一个新地方，努力工作，积极上进。后来，他成功了，毕生都在救济穷人，做了大量对社会有益的事情。

冉·阿让正是由于摆脱了过去的束缚，才能重新开始生活，重新定位自己。

人们也常说，"好汉不提当年勇"，同样，当年的辉煌仅能代表我们的过去，而不代表现在。面对过去的辉煌也好、失意也罢，太放在心上就会成为一种负担，容易让人形成一种思维定势，结果往往令曾经辉煌过的人不思进取，而那些曾经失败过的人依然沉沦、堕落。然而这种状态并非是一成不变的！只是，我们很容易将欢乐的时光忘却，但却对哀愁情有独钟，这显然是对遗忘哀愁的一种抗拒。换而言之，人们习惯于淡忘生命中美好的一切，而对于痛苦的记忆，却总是铭记在心。难道是因为它给你记忆深刻才无法遗忘吗？

当然不是，这完全是出于你对过去的执着。其实，昨日已成昨日，昨日的辉煌与痛苦，都已成为过眼云烟，何必还要死死守着不放？倒掉昨日的那杯茶，这样你的人生才能洋溢出新的茶香。

其实上天赐给我们很多宝贵的礼物，其中之一即是遗忘。不过，人们在过度强调记忆的好处以后，往往忽略了遗忘的重要性。其实很多东西，诸如无谓的烦恼，该忘就忘了吧，这样你才能过得轻松幸福。

当失去成为现实，就别在固执

过去的一如暮霭，你错过了太阳，便会得到一轮明月；你错过了月亮，至少还有星星。来是偶然的，走是必然的，所以你必须随缘不变，不变随缘。只不过，扪心自问，我们可不可以做到如此洒脱？很无奈，多数情况下我们做不到。

我们有时不免要抱怨生活，因为生活时常给予我们痛苦，那些被我们视为极美、极珍贵的东西，它轻轻地来，又轻轻地走开，打乱了心绪，徒留一片唏嘘。这种遗憾和无奈，你我都曾领教过。

当然，如果我们在这里强调说一定要放下它，一丝都不要在意，那不现实，事实上我们这些凡夫俗子根本不可能尽除七情六欲，当"珍爱"流失，我们不可能做到波澜不惊。只是，我们可否将得失心放淡一些？我们喜欢一件东西，是不是非要得到它？我们失去一件东西，是不是非要那样痛不欲生？其实我们完全可以让自己释怀，只要你肯扩充心的容积。

我们应该对生活中的无奈有个正确的认知，毫无疑问我们不可能随心所欲，不可能将我们认为"好"的事物尽收怀里。甚至大多时候，我们要与其失之交臂。我们为此感到遗憾，这很自然。但这遗憾不能达到无以复加的地步。回过头仔细想想，遗憾能给我们留下什么？除了一种难以诉说的隐痛，似乎就没有任何好处。所以，我们不应该让这种隐痛久久不散，我们不是常说"缘由天定"吗？既然某些东西与我们无缘，那莫不如就随它自去吧！

禅理中有这样一个故事以警世人：

小孩在一处平静之地玩耍，这时来了一位禅师，他给了小孩一块糖，小孩非常高兴。

过了一会儿，禅师看见小孩哭得很伤心，就问他为什么要哭，那小孩说："我把糖丢了。"

禅师心想："这小孩没糖时很平静，平白无故得到糖时很高兴，等到糖丢了时，便极度的伤心。那失去糖后，应与没得到糖时一样呀，又有什么可伤心的呢！"

是啊！为什么要伤心呢？这可能正应了那句话，失去的才是最珍贵的。其实失去的未必珍贵，只是它不属于我们了，我们也便觉得它珍贵了。说到底，还不是我们永不止歇的占有欲在作祟？

但事实上，很多我们失去的东西，真的未必适合自己，而这，或许也正是我们失去的理由。换个角度来看，这应该是一件好事，毕竟我们的精力有限，你失去了一个"不合适"，就意味着有更多的时间和精力去争取下一个"合适"。这就好比谈恋爱，两个人不合适，真的就没有必要勉强在一起，分离或许会给我们带来短暂的痛苦，但当你找到真正合适自己的那个人时，你就会庆幸当初的失去。

人生其实就像一场戏，岁月可能会把拥有变为失去，也可能会把失去变为拥有，这很难预料。譬如你当年所拥有的，可能今天正在失去，又譬如你当年未得到的，可能远不如今天所拥有的。有时候我们错过了，其实正是今后拥有的起点，而有时我们所拥有的，恰恰是今后失去的理由。

曾听过这样一件轶事：

美国某大学要在中国招一名学生，这名学生的所有费用将由美国政府全额提供。初试结束，有三十名学生成为候选人。

面试那天，三十名学生及其家长云集在锦江饭店。当主考官出现在饭店大厅时，一下子便被人群围住了，他们争相用流利的英语向主考官问好，有的甚至还迫不及待地做起了自我介绍。只有一名学生，由于起身晚了一步，没来得及围上去，等他想接近主考官时，主考官的周围已经水泄不通，根本没有插空而入的可能。

于是他失去了接近主考官的大好机会，他有些沮丧。这个时候，他看到一个外国女人有些落寞地站在大厅一角，目光茫然地望向窗外，他心想：身在异国的她是不是遇到了什么麻烦？于是他走过去，彬彬有礼地和她打招呼，然后做了自我介绍，最后他问道："夫人，您有什么需要我帮助的吗？"接下来两个人聊得非常投机。

后来，这名学生被选中了，在三十名候选人中，他的成绩并非最好，而且面试之前他错过了与主考官熟悉的最佳机会，但是他却无心插柳柳成荫。原来，那位异国女子正是主考官的夫人。

这件事曾经引起很多人的震动：原来错过了美丽，收获的并不一定是遗憾，有时甚至可能是圆满。

我们也应该留一份这样的从容给自己，如此就可以对不如意之事处之泰然，对名利得失顺其自然。其实只要豁达一点，我们都能够想明白，这世上所有的好事怎么可能只围着我们转？人生总是有得有失，有成有败，生命之舟本来就是在得失之间浮沉！美丽的机会人人珍惜，然而并非人人都能抓住，错过的东西不一定就值得遗憾。有些东西的确不该错过，然而有些东西则需要你去错过，这才是生活。在生命旅途之中跋涉，我们的视野毕竟有限，如果不肯错过眼前的一些景色，那么可能错过的就是前方更迷人的山河，只有那些懂得取舍的人，才会欣赏到真正的人生美景。

只是我们之中的一些人，似乎永远也参不透这人生的禅机。他们为了"有所得"，可谓是殚精竭虑，费尽心机，更有甚者甚至不择手段，以致走向极端。或许最后他们能够得偿所愿，但是在追逐的过程中，他们同样失去了很多，他们付出的代价应该相当沉重，而这一切并不是某些东西可以弥补的。

其实这样真的没有必要，所谓"强扭的瓜不甜"，强求来的东西又有多好？况且很多东西我们一旦得到，就会发现它与想象之中相去甚远，反而不如因此而失去的，到头来又要追悔莫及。所以说当我们对某人、某物情有所钟之时，得到它或许并不是最明智的选择，而错过它也许反倒会让我们有所收获。因而，即便是处于人生最困顿的时刻，也不要为失去而惋惜。花朵虽美，但毕竟会有凋谢的一天，何必对花长叹，耿耿于怀？要知道，在接下来的时间里，我们将收获雨滴的温馨和戏雨的浪漫。

生活就是这样，许多的心情，可能只有经历之后才会懂得，如感情，痛过了之后才会懂得如何保护自己，傻过了之后才会懂得适时的坚持与放弃，在得到与失去的过程中，我们慢慢认识自己，其实生活并不需要这么些无谓的执着，没有什么真的不能割舍的，学会放弃，生活往往会变得更加容易！

心有愧疚，不如尽力补救

人很容易被负疚感左右，在人性文化中，内疚被当做一种有效的控制手段加以运用。我们应当吸取过去的经验教训，而绝不能总在阴影下活着，内疚是对错误的反省，是人性中积极的一面，但却属于情绪的消极一面。我们应该分清这二者之间的关系，反省之后迅速行动起来，把消极的一面变积极，让积极的一面更积极。

哈蒙是一位商人，长年在外经营生意，少有闲时。当有时间与全家人共度周末时，他非常高兴。

他年迈的双亲住的地方，离他的家只有一个小时的路程。哈蒙也非常清楚自己的父母是多么希望见到他和他的家人。但是他总是寻找借口尽可能不到父母那里去，最后几乎发展到与父母断绝往来的地步。

不久，他的父亲死了，哈蒙好几个月都陷于愧疚之中，回想起父亲曾为自己做过的许多好事情。他埋怨自己在父亲有生之年未能尽孝心。在悲痛平定下来后，哈蒙意识到，再大的内疚也无法使父亲死而复生。认识到自己的过错之后，他改变了以往的做法，常常带着全家人去看望母亲，并同母亲保持经常的电话联系。

其实内疚也可以说是人之常情，或许每个人都曾内疚过，我们的生活那么复杂，我们在经历学业、事业以及家庭琐事时，难免会做错事，那么就一定要内疚下去吗？千万不要这样，这是很可怕的事情，它会让你的生活失去绚丽的颜色。退一步说，即便深陷这后悔的自责之中，又有什么用？我们是不是该为自己的过错做点什么，如果你能尽力补救，相信你的心就会好过一些。

从另一方面说，内疚或许不完全是坏事，因为它确实可以让人变得更加成熟，也可以让我们在今后的日子中减少痛苦并更有能力去摆脱痛苦。但我们怕的是，因为内疚而"走火入魔"，乃至痛恨自己、厌恶自己，直至厌恶了这个世界，但我们却未曾想过，其实这也是一种不负责，是对自己、对亲友，乃至对曾被你伤害过之人的不负责。因为你这种状态，如何去救赎自己的错误，而倘若你不能自我救赎，那无疑就是错上加错。所以说，大家应该学会释放，不要深陷后悔的自责当中，你应该振奋精神，投身到对错误的补救当中，这才是你当下最该做的事情。

我们应该明白，这世上没有一个人是没有过失的，只要勇于去改正过失，前途就依然充满阳光，但若徒有感伤而不从事切实的补救工作，则是最要不得的！在过错发生之后，要及时走出感伤的阴影，不要长期沉浸在内疚之中痛定思痛，让身心备受折磨，过去的已经过去，再愧疚也于事无补，要拾起生活的勇气，昂首奔向明天。

多余的，都该被放下

其实，生活本该是一个轻松的课题，只是我们一直无法放下心中的累赘，将不该看重的东西看得太重，才会令生活变得如此复杂。漫漫人生路，只有学会放下，才能轻装前进，才能不断有所收获。

有这样一则寓言：

一位少年背着一个砂锅赶路，不小心绳子断了，砂锅掉到地上摔碎了。少年头也不回地继续向前走。路人喊住少年问："你不知道你的砂锅摔碎了吗？"少年回答："知道。"路人又问："那为什么不回头看看？"少年说："既然碎了，回头有什么用？"说完，他又继续赶路。

故事中的少年是明智的，既然砂锅都碎了，回头看又有什么用呢？

人生中的许多失败也是同样的，已经无法挽回，惋惜悔恨于事无补，与其在痛苦中挣扎浪费时间，还不如重新找一个目标，再一次奋发努力。

人的一生，需要我们放下的东西很多。孟子说，鱼与熊掌不可兼得，如果不是我们应该拥有的，就果断抛弃吧。几十年的人生旅途，有所得，亦会有所失，只有适时放下，才能拥有一份成熟，才会活得更加充实、坦然和轻松。

但是，在现实生活中，许多人放不下的事情实在太多了。比如做了错事，说了错话，受到上司和同事的指责，或者好心却被人误解，于是，心里总有个结解不开……总之，有的人就是这也放不下，那也放不下，想这想那，愁这愁那，心事不断，愁肠百结，结果损害了自身的健康和寿命。有的人之所以感觉活得很累，无精打采，未老先衰，就是因为习惯于将一些事情吊在心里放不下来，结果把自己折腾得既疲劳又苍老。其实，简单地说，让人放不下的事情大多是在财、情、名这几个方面。想透了，想开了，也就看淡了，自然就放得下了。人们常说："举得起、放得下的是举重，举得起、放不下的叫做负重。"为了前面的掌声和鲜花，学会放下吧。放下之后，你会发现，原来你的人生之路也可以变得轻松和愉快。

生活有时会逼迫你不得不交出权力，不得不放走机遇。然而，有时放弃并不意味着失去，反而可能因此获得。要想采一束清新的山花，就得放弃城市的舒适；要想做一名登山健儿，就得放弃娇嫩白净的肤色；要想穿越沙漠，就得放弃咖啡和可乐；要想拥有简单的生活，就得放弃眼前的虚荣；要想在深海中收获满船鱼虾，就得放弃安全的港湾。

今天的放下，是为了明天的得到。干大事业者不会计较一时的得失，他们都知道如何放下、放下些什么。一个人倘若将一生的所得都背负在身，那么纵使他有一副钢筋铁骨，也会被压倒在地。

昨天的辉煌不能代表今天，更不能代表明天。我们应该学会放下：放下失恋带来的痛楚，放下屈辱留下的仇恨，放下心中所有难言的负荷，放下耗费精力的争吵，放下没完没了的解释，放下对权力的角逐，放下对金钱的贪欲，放下对虚名的争夺……凡是次要的、枝节的、多余的、该放下的，都应该放下。

孤独其实可以破解

孤独是一种心结，能解开它的只有你自己。心态决定命运，以一种全新的心态去对待身边的人和事，或许你就会感到温暖许多，幸福许多。

这个世界上，男男女女或多或少都会有一些孤独感。孤独是人生的一种痛苦，尤其是内心的孤寂更为可怕。一些孤独的人远离人群，将自己内心紧闭，过着一种自怜自艾的生活，甚至有些人因此而导致性格扭曲，精神异常。

有一个女人，两年前丈夫不幸去世，她悲痛欲绝，自那以后，她便陷入了一种孤独与痛苦之中。"我该做些什么呢？"在丈夫离开她近一个月后的一天，她向医生求助，"我将住到何处？我还有幸福的日子吗？"

医生说："你的焦虑是因为自己身处不幸的遭遇之中，30多岁便失去了自己生活的伴侣，自然令人悲痛异常。但时间一久，这些伤痛和忧虑便会慢慢减缓消失，你也会开始新的生活，走出痛苦的阴影，建立起自己新的幸福。"

"不！"她绝望地说道，"我不相信自己还会有什么幸福的日子。我已不再年轻，身边还有一个七岁的孩子。我还有什么地方可去呢？"她显然是得了严重的自怜症，而且不知道如何治疗这种疾病，好几年过去了，她的心情一直都没有好转。

其实，她并不需要特别引起别人的同情或怜悯。她需要的是重新建立自己的新生活，结交新的朋友，培养新的兴趣。而沉溺在旧的回忆里只能使自己不断地沉沦下去。

许多人总是让创伤久久地留在自己的心头，这样他的心里怎么也难以明亮起来。实际上，只要能放下过去的包袱，同样可以找到新的爱情和友谊。爱情、友谊或快乐的时光，都不是一纸契约所能规定的。让我们面对现实，无论发生什么情况，你都有权利再快乐地活下去。但是，她们必须了解：幸福并不是靠别人施舍，而是要自己去赢取别人对你的需求和喜爱。

让我们再来看这样一个故事。

露丝的丈夫因脑瘤去世后，她变得郁郁寡欢，脾气暴躁，以后的几年，她的脸一直紧绷绷的。

一天，露丝在小镇拥挤的路上开车，忽然发现一幢房子周围竖起一道新的栅栏。那房子已有一百多年的历史，颜色变白，有很大的门廊，过去一直隐藏在路后面。如今马路扩展，街口竖起了红绿灯，小镇已颇有些城市的味道，只是这座漂亮房子前的大院已被蚕食得所剩无几了。

可泥地总是打扫得干干净净，上面绽开着鲜艳的花朵。一个系着围裙、身材瘦小的女人，经常会在那里侍弄鲜花，修剪草坪。

露丝每次经过那房子，总要看看迅速竖立起来的栅栏。一位年老的木匠还搭建了一个玫瑰花阁架和一个凉亭，并漆成雪白色，与房子很相称。

二 那些成长中的忧伤，不必念念不忘

一天她在路边停下车，长久地凝视着栅栏。木匠高超的手艺令她惊叹不已。她实在不忍离去，索性熄了火，走上前去，抚摸栅栏。它们还散发着油漆味。里面的那个女人正试图开动一台割草机。

"喂！"露丝一边喊，一边挥着手。

"嘿，亲爱的。"里面那个女人站起身，在围裙上擦了擦手。

"我在看你的栅栏。真是太美了。"

那位陌生的女子微笑道："来门廊上坐一会吧，我告诉你栅栏的故事。"

她们走上后门台阶，当栅栏门打开的那一刻，露丝欣喜万分，她终于来到这美丽房子的门廊，喝着冰茶，周围是不同寻常又赏心悦目的栅栏。"这栅栏其实不是为我设的。"那妇人直率地说道，"我独自一人生活，可有许多人来这里，他们喜欢看到漂亮的东西，有些人见到这栅栏后便向我挥手，几个像你这样的人甚至走进来，坐在门廊上跟我聊天。"

"可面前这条路加宽后，这儿发生了那么多变化，你难道不介意？"

"变化是生活中的一部分，也是铸造个性的因素，亲爱的。当你不喜欢的事情发生后，你面临两个选择：要么痛苦愤怒，要么振奋前进。"当露丝起身离开时，那位女子说："任何时候都欢迎你来做客，请别把栅栏门关上，这样看上去很友善。"

露丝把门半掩住，然后启动车子。内心深处有种新的感受，但是没法用语言表达，只是感到，在她那颗愤怒之心的四周，一道坚硬的围墙轰然倒塌，取而代之的是整洁雪白的栅栏。她也打算把自家的栅栏门开着，对任何准备走近她的人表示出友善和欢迎。

没有人会为你设限，人生真正的劲敌，其实是你自己。别人不会对你们封锁沟通的桥梁，可是，如果你自我封闭，又如何能得到别人

的友爱和关怀。走出自己的狭小的空间，敞开你的心门，用真心去面对身边的每一个人，收获友情的同时，你眼中的世界会更加美好。

所以说，一个孤独的人若想克服孤寂，就必须远离自怜的阴影，勇敢走入充满光亮的人群里。我们要去认识人，去结交新的朋友。无论到什么地方，都要兴高采烈，把自己的欢乐尽量与别人分享。一个人如果不想深陷孤独，那么就要走出自己狭小的空间，学着主动敞开心扉，多与人交流、沟通，多找一些事情来做，让自己有所寄托，这样做会使孤独离你而去，心灵也就更加丰盈，更加悠然。

无论如何，明天又是新的一天

"After all, tomorrow is another day"，相信每一个读过美国作家玛格丽特·米切尔的《飘》的人，都会记得主人公思嘉丽在小说中多次说过的话。在面临生活困境与各种难题的时候，她都会用这句话来安慰和开脱自己，"无论如何，明天又是新的一天"，并从中获取巨大的力量。

和小说中思嘉丽颠沛流离的命运一样，我们一生中也会遇到各种各样的困难和挫折。面对这些一时难以解决的问题，逃避和消沉是解决不了问题的，唯有以阳光的心态去迎接，才有可能最终解决。阳光的人每天都拥有一个全新的太阳，积极向上，并能从生活中不断汲取前进的动力。

克瓦罗先生不幸离世了，克瓦罗太太觉得非常颓丧，而且生活瞬间陷入了困境。她写信给以前的老板布莱恩特先生，希望他能让自己

| 二　那些成长中的忧伤，不必念念不忘 |

回去做以前的老工作。她以前靠推销《世界百科全书》过活。两年前她丈夫生病的时候，她把汽车卖了。于是她勉强凑足钱，分期付款才买了一部旧车，又开始出去卖书。

她原想，再回去做事或许可以帮她解脱她的颓丧。可是一个人驾车，一个人吃饭，几乎令她无法忍受。有些区域简直就做不出什么成绩来，虽然分期付款买车的数目不大，却很难付清。

第二年的春天，她到了密苏里州的维沙里市，见那儿的学校都很穷，路很坏，很难找到客户。她一个人又孤独又沮丧，有一次甚至想要自杀。她觉得成功是不可能的，活着也没有什么希望。每天早上她都很怕起床面对生活，她什么都怕，怕付不出分期付款的车钱，怕付不出房租，怕没有足够的东西吃，怕她的健康情形变坏而没有钱看医生。让她没有自杀的唯一理由是，她担心姐姐会因此而觉得很难过，而且她姐姐也没有足够的钱来支付自己的丧葬费用。

然而有一天，她读到一篇文章，使她从消沉中振作起来，使她有勇气继续活下去。她永远感激那篇文章里那一句令人振奋的话："对一个聪明人来说，太阳每天都是新的。"她用打字机把这句话打下来，贴在她的车子前面的挡风玻璃上，这样，在她开车的时候，每一分钟都能看见这句话。她发现每次只活一天并不困难，她学会忘记过去，每天早上都对自己说："今天又是一个新的生命。"她成功地克服了对孤寂的恐惧和她对需要的恐惧。她现在很快活，也还算成功，并对生命抱着热忱和爱。她现在知道，不论在生活上碰到什么事情，都不要害怕；她现在知道，不必怕未来；她现在知道，每次只要活一天——而"对一个聪明人来说，太阳每天都是新的"。

在日常生活中可能会碰到极令人兴奋的事情，也同样会碰到令人难过事情，这本来应属正常。如果我们的思维总是围着那些不如意的事情转动的话，也就相当于往下看，那么终究会摔下去的。因此，我们应尽量做到脑海想的、眼睛看的以及口中说的都应该是光明的、乐观的、积极的，相信每天的太阳都是新的，明天又是新的一天，发扬往上看的精神才能在我们的事业中获得成功。

其实无论是快乐亦或是痛苦，过去的终归要过去，强行将自己困在回忆之中，只会让你倍感痛苦！无论明天会怎样，未来终会到来，若想明天活得更好，你就必须以积极的心态去迎接它！你要知道，太阳每天都是新的！

三
痛苦的时候，正是成长的时候

成长就是明白很多事情无法顺着自己的意思，但努力用最恰当的方式使事情变成自己想要的样子。

有苦味，成功更显可贵

  我们都曾遇到过困难，这一点毫无疑问，只是有的轻、有的重罢了。那么，当我们的人生遭遇挫折或是失败之时，我们会怎么样呢？是垂头丧气就此低迷，还是吸取教训重整旗鼓？在这里想对大家说的是：你对于磨难的态度，将决定你人生的成败！

  是的，再多的苦难不过是种历练，就像成功学大师卡耐基告诉我们的那样："挫折是大自然的计划，经历过挫折考验的人们会对事情作出更充分的准备，把心中的残渣烧掉。因此，我们需要勇敢地拥抱挫折，因为它是我们生命中的另一种维生素。"的确如此，生命需要苦难来洗礼，在这番历练中，你能扛得住，便是成功；你扛不住，便只能平庸。就像那些温室中的花朵，诗人根本不会浪费笔墨去歌颂，而那傲雪而立的寒梅，古往今来已不知被多少次提起。究其根由，不正是因为它无畏苦难、可以战胜苦难吗？要知道，人生的成功也是这样。

  刘伟——这个名字或许有些人听过，也可能多数朋友都感到陌生。他是2011年感动中国十大人物之一。在中国达人秀现场，刘伟空着袖管登上舞台，坐到钢琴前，一曲《梦中的婚礼》响起……曲终，全场起立鼓掌。当评委高晓松问刘伟是怎样做到这一切时，刘伟说了一句："我的人生中只有两条路，要么赶紧死，要么精彩地活着。"

  命运跟刘伟开了一个天大的玩笑，它给了刘伟一个美妙的开局，却迅速吹响了终场哨。对刘伟而言，10岁时的记忆，永远是那么残缺不全，1997年，10岁的刘伟因触电意外失去双臂。"怎么触电的？其实我自己是记不起来了，我的这部分记忆已经丢失。"刘伟说，"只记得醒来时，已经彻底失去了双臂。当时我的脑袋一片空白，傻了。"刘伟描述着自己当时的心情。

在医院做康复的那段时间，刘伟遇到了生命中的一位贵人，带给了刘伟截肢后第一次改变。那是一位同样失去双手的病人，他叫刘京生，北京市残联副主席。他能自己吃饭、刷牙、写字，而且事业上也非常成功，他教了刘伟很多。半年以后，刘伟已经能够自己用脚刷牙、吃饭、写字。

12岁时，刘伟开始学习游泳，并且进入了北京残疾人游泳队，两年之后，他就在全国残疾人游泳锦标赛上获得了两金一银。

19岁时，高考临近，刘伟的成绩并不差，但是他的内心却有了疑虑，"内心有激烈的冲突，到底要不要上大学？"在放弃了足球、游泳之后，他把希望完全置放在了另一项爱好上——音乐。家人反对他走音乐这条路，但被刘伟宣判反对无效，刘伟最终没有参加高考。"人最开心的事情就是能从事自己喜欢的职业，所以我最终选择了音乐。"刘伟说。

确定了自己的理想以后，一个问题摆在那里，去哪里学习音乐呢？刘伟找到一家私立音乐学院，然而校长却说："你进我们学院只能是影响校容！"刘伟对此的回答是："谢谢你这么歧视我，我会让你看看我是怎么做的。"

刘伟开始用脚学习钢琴，我们完全可以想象这需要付出多大的努力。要知道，很多正常人用手练了多少年都不一定会有起色。为了能够有所收获，刘伟坚持每天练琴7小时以上。

2008年，只学了一年钢琴的刘伟便已达到相当于用手弹钢琴的专业7级水平，2009年，刘伟挑战吉尼斯世界纪录，一分钟打出了233

个字母，成为世界上用脚打字最快的人。2010年，刘伟登上了维也纳金色大厅舞台，让世界见证了这个中国男孩的奇迹。

当然，在刘伟创造人生的过程中，也曾遭受过打击，"我的歌还没唱几句就被打断，当我们把钢琴抬进来表演时，不到一半，评委就很不耐烦地打断了演奏，然后一句话也不说。我觉得这些都不算什么，眼前的天空会出现五个字：多大点事啊。"

是啊，多大点事啊！我们这些人所经历的苦难，又有几个能和刘伟相比？然而，我们扪心自问，对待苦难，我们也能够如此释然吗？如果你不能，就不要再抱怨命运不公，事实上命运对待每个人都很公平，它为你关上一扇门的同时，必然会为你打开一扇窗，能不能让人生充满阳光，就要看我们是躲在阴暗的角落里默默哭泣，还是积极地寻找那扇窗，推开它，迎接阳光……无臂钢琴师刘伟告诉我们：音乐首先是用心灵来演奏的。有美丽的心灵，就有美丽的世界。

所以说朋友们，我们不能再视苦难为摧残，不妨坦然地将它当成一种锤炼。人活着，只有在大风大浪之中才能增强驾驭生命之舟的能力；在大起大落之中才能磨炼笑看风云的意志；在大悲大喜之中才能提高品味人生的境界；在大羞大耻之中才能激发奋进的勇气。在这说长不长、说短不短的几十年中，我们能不能活出个人样来，就看我们的心能不能承受起这大风大浪、大起大落、大悲大喜、大羞大耻。

人生总要吃苦，把你的一生泡在蜜罐里，你也感觉不到甜的滋味，因为有了苦味，我们才知道守候与珍惜，守候平淡与宁静，珍惜活着的时光。总有些苦必须要吃的，今天不苦学，少了精神的滋养，注定了明天的空虚；今天不苦练，少了技能的支撑，注定了明天的贫穷。为了日后的充实与富有，苦在当下其实很值得。请记住：困难，是动摇者和懦夫掉队回头的便桥；但也是勇敢者前进的脚踏石。

凡是能打击你的，最终都会让你变强

每个人在成功之前，都要经历一些挫折，甚至遭遇很严重的失败，这是毫无疑问的事情。而在失败重重打击之下，最简单、最合乎逻辑的做法就是放手不干，大多数人都是这样想的，也是这样做的。这，给我们带来了什么？我们可能已经通过一些努力走到了今天这个程度，但不幸的是，恰恰是由于某个逆境，我们的心软弱了，我们放弃了努力，我们停止了一切行动。于是，我们之前的一切辛苦统统付之东流……成功最怕的就是这个！如果说一个人每每树立一个目标，又每每只做一点点，每每遇到哪怕是一丁点的挫折，就打退堂鼓，那么终其一生这个人也难以登上大雅之堂。

坚持很重要，一个人无论想做成什么事，坚持都是必不可少的，坚持下去，才有成功的可能。我们坚持一次或许并不难，难的是一如既往地坚持下去，直到最后获得成功。但是，如果我们这样做了，恐怕就没有什么事情能够难倒我们了。

这是一个真实的故事：

云南缉毒警察罗金勇与三名毒贩进行殊死搏斗，因寡不敌众身负重伤，成了植物人，存活的希望非常渺茫。然而，妻子罗映珍对他不离不弃，精心呵护，无怨无悔。罗女士每天全身心地守候在丈夫身旁，和丈夫说话，并含泪写下了600多篇爱的日记，600个日日夜夜的深情相对，爱的呼唤下，罗金勇终于奇迹般地苏醒。这就是爱与坚持的力量，一旦人具备了这两种品质，就算是死神恐怕也无可奈何。

遗憾的是，我们之中有很多人，缺少的恰恰就是罗女士这种锲而不舍的精神，所以即便我们也曾努力过，却总是一次又一次地与成功失之交臂。在追求成功的路上，每一刻我们都会遇到困难。也许今天很残酷，明天更残酷，但是后天会很美好，而很多人却放弃在明天晚上，看不到后天的太阳。我们总是不肯坚持，哪怕成功近在咫尺，我们却败在了那没有迈开的最后一步。

大家如果有时间，可以去阅读一下那些成功人士的奋斗史，你会发现，成就他们的并不仅仅是机遇或者是好运气，更重要的是他们对目标有一份坚持。他们坚定了信念，信念也就成就了他们。

曾被纽约世界美术协会推举为当代第一大画家的张大千先生，博采众长，独成一家，绘画技艺高超。他的许多代表作，都被世界各国的美术家们公认为世界美术宝库中的珍品。然而鲜为人知的是，在张大千先生的艺术生涯中，他第一次成功的画作卖出后仅换得 80 个铜板。在当时，80 个铜板只能买两斤腊肉。张大千先生这一个成功之果并未给他带来丰厚的报酬，但他并未因此而放弃追求成功的决心和努力。

无独有偶，英国大作家萧伯纳在初学写作之时也遭遇过这样的事情，当时，他给自己规定每日必须完成五页稿子的写作任务。就这样苦苦写了四年，总共才得到 30 英镑的稿费。但萧伯纳并未因此而灰心丧气，而是鼓起勇气继续写作。又这样苦苦写了四年，陆续写出了五部长篇小说，先后向 60 多家出版社投稿，全部遭到无情的拒绝。在退稿信上，有的编辑甚至直言不讳地说，他根本不是写作的材料，并劝他放弃自己的写作生涯。但萧伯纳仍然坚持，坚持每天写一定数量的文章。又继续这样苦苦写了四年，天道酬勤，他终于成为英国 20 世纪最伟大的作家之一。

由此可见，刚强的性格永远是成大事者的基本特质。天下的事没有轻而易举就能获得的，必须要靠刚强的性格去征服。这是最基本的成功法则。《王竹语读书笔记》中写道："忍耐痛苦比寻死更需要勇气。在绝望中多坚持一下下，终必带来喜悦。上帝不会给你不能承受的痛苦，所有的苦都可以忍。"是的，人只要具备了坚忍的品质，便可以苦中取乐，若懂得苦中取乐，则必然会苦尽甘来。

其实，只要我们的目标是实际的，只要我们肯坚持，那么，再多当时我们觉得快要要了命的事情，再多我们觉得快要撑不过去的境地，都会慢慢好起来。就算再慢，只要你我愿意等，它终归会成为过去。而倘若遇到那些我们暂时不能战胜的、不能克服的、不能容忍的、不能宽容的，就告诉自己：凡是能打击你的，最终都会让你更强。

无论生命多么灰暗，都会有摆渡的船

有人说：人之所以哭着来到这个世界，是因为他们知道，从这一刻起便要开始经受苦难，一句话道出了多少人的心声！是啊，我们的人生确实很苦，苦的让人忍不住想哭。那么，你想哭，就哭吧！尝尝阔别已久眼泪的滋味，就当是一种发泄，就当是一种调节。可是，人的一生不能在哭泣中度过，发泄过后你是不是该仔细思考一下：怎样才能让我们的人生走出困境，焕发出绚丽的色彩，让自己在生命的最后一刹那能够笑着离开？这需要的是一种积极的心态。

我们这一辈子，短暂也好，漫长也好，都需要我们用心去感悟、品味、经营。人生是一个在摸索中前进的过程，既然是摸索，就免不了有失误，免不了要受挫折，事实上，没有人能够不受到一丝严寒、风霜地走完人生。只不过，在相同的景况下，人们不同的心态决定了各自的人生成败。

其实，生活的现实对于我们每个人本来都是一样，但一经各人不同"心态"的诠释后，便代表了不同的意义，因而形成了不同的事实、环境和世界。心态改变，则事实就会改变；心中是什么，则世界就是什么。心里装着哀愁，眼里看到的就全是黑暗，抛弃已经发生的令人不痛快的事情或经历，才会迎来新心情下的乐趣。

也就是说，心情的颜色会影响世界的颜色。如果我们，对生活抱有一种达观的态度，就不会稍不如意便自怨自艾，只看到生活中不完美的一面。我们的身边大部分终日苦恼的人，或者说我们本人，实际上并不是遭受了多大的不幸，而是自己的内心素质存在着某种缺陷，对生活的认识存在偏差。

有位朋友前去友人家做客，才知道友人三岁的儿子因患有先天性心脏病，最近动过一次手术，胸前留下一道深长的伤口。

友人告诉他，孩子有天换衣服，从镜中看见疤痕，竟骇然而哭。

"我身上的伤口这么长！我永远不会好了。"她转述孩子的话。

孩子的敏感、早熟令他惊讶；友人的反应则更让他动容。

友人心酸之余，解开自己的裤子，露出当年剖腹产留下的刀口给孩子看。

"你看，妈妈身上也有一道这么长的伤口。"

"因为以前你还在妈妈的肚子里的时候生病了，没有力气出来，幸好医生把妈妈的肚子切开，把你救了出来，不然你就会死在妈妈的肚子里面。妈妈一辈子都感谢这道伤口呢！"

"同样地，你也要谢谢自己的伤口，不然你的小心脏也会死掉，那样就见不到妈妈了。"

感谢伤口！这四个字如钟鼓声直撞心头，那位朋友不由低下头，检视自己的伤口。

它不在身上，而在心中。

那时节，这位朋友工作屡遭挫折，加上在外独居，生活寂寞无依，更加重了情绪的沮丧、消沉，但生性自傲的他不愿示弱，便企图用光鲜的外表、悍强的言语加以抵御。隐忍内伤的结果，终至溃烂、化脓，直至发觉自己已经开始依赖酒精来逃避现状，为了不致一败涂地，才决定举刀割除这颓败的生活，辞职搬回父母家。

如今伤势虽未再恶化，但这次失败的经历却像一道丑陋的疤痕，刻划在胸口。认输、撤退的感觉日复一日强烈，自责最后演变为自卑，使他彻底怀疑自己的能力。

好长一段时日，他蛰居家中，对未来裹足不前，迟迟不敢起步出发。

朋友让他懂得从另一方面来看待这道伤口：庆幸自己还有勇气承认失败，重新来过，并且把它当成时时警惕自己，匡正以往浮夸、矫饰作风的记号。

他觉得，自己要感谢朋友，更要感谢伤口！

我们应该佩服那位妈妈的睿智与豁达，其实她给儿子灌输的人生态度，于我们而言又何尝不是一种指导？生活本就是这样，它有时风雨有时晴，有时平川坦途，有时也会撞上没有桥的河。苦难与烦恼，亦如三伏天的雷雨，往往不期而至，突然飘过来就将我们的生活淋湿，你躲都无处可躲。就这样，我们被淋湿在没有桥的岸边，被淋湿在挫折的岸边、苦难的岸边，四周是无尽的黑暗，没有灯火，没有明月，甚至你都感受不到生物的气息。于是，我们之中很多人陷入了深深的恐惧，以为自己进入了人间炼狱，唯唯诺诺不敢动弹。这样的人，或许一辈子都要留在没有桥的岸边，或者是退回到起步的原点，也许他们自己都觉得自己很没有出息。

但有些人则不然！正在攻读博士学位，却患上"帕金森症"，无法言语、无法动弹的史蒂芬·霍金，原本万念俱灰，他觉得自己被上帝宣判了死刑。但有一天他突然意识到，如果还能活着，他还能做许多有价值的事情。于是他点亮了自己的心灯，给自己折了一只思想的船，驶进了神秘的宇宙，去探索星系、黑洞、夸克……

我们就是希望一些朋友能够像霍金先生那样，在醒悟以后丢掉自己的懦弱，趁着年华还在，点燃心灯，照亮河岸，折只船，将自己摆渡到河的对岸。这只船，承载的可以是你的求生本能，可以是你的某种欲望、希望或者说心愿，实在无所寄托的人，哪怕是给予自己一些幻想，也要将这只船折上——因为，人的一生正如他一天中所设想的那样，你怎样想象、怎样期待，就拥有怎样的人生。

如果说，现实已然无法改变，那我们就改变自己，平安是福，但谁也不可能平安一生，这生活总是要过的，我们犯不着与生活闹脾气，与其给自己拧上一个心结，莫不如好好享受这个过程——不是在眼泪中沉沦，而是在磨难中拼搏。当然，我们未必一定能够得到想要的结果，但只要你用心努力过，这就够了，没有成功也是收获。倘若我们将追求成功看做是开花结果，那毫无疑问，成功就是果实，追求就是从种子到花开、到结果的美丽过程。但事实上，并不是每一朵花开都有果实收获，人生只要绽放过美丽，我们就足以在生命的最后一刹那依旧满面笑容。

许多人想行云流水过此一生，却总是风波四起，劲浪不止。平和之人，纵是经历沧海桑田也会安然无恙。敏感之人，遭遇一点风雨也会千疮百孔！请朋友们记住这句话：无论命运多么灰暗，无论人生多少颠簸，都会有摆渡的船，这只船就在我们手中。

你若战胜苦难，它便是你的财富

在这里想问大家一个问题，到现在为止，你认为苦难究竟是人生的财富还是屈辱？其实答案很简单，若你战胜苦难，它便是你的财富；若苦难战胜了你，它便是你的屈辱！

其实，人生有时真的就像一场拳击赛。在人生的赛场上，当我们被突如其来的"灾难"击倒之时，有些灰心、丧气也实属正常，我们或许也躺在那里一度不想动弹，是的，我们需要时间恢复神智和心力。但只要恢复了，哪怕是稍稍恢复了，我们就应该爬起来，即便有可能再次被击倒，也要义无反顾地爬起来，纵然会被击倒100次，也要爬起来。因为不爬起来，我们就永远输了；再爬起来，就还有转败为胜的希望。

我们应该像拳击运动员那样，只能被击倒身体，但精神必须屹立。其实生活就是一面镜子，你对着它哭，它也对你哭；你对着它笑，它也对你笑。跌倒了，我们只要能够爬起来，就谈不上败，坚持下去，就有可能成功。人这一生，不能因为命运怪诞而俯首听命，任凭它的摆布。等年老的时候，回首往事，我们就会发觉，命运只有一半在上天的手里，而另一半则由自己掌握，而我们要在的就是——运用手里所拥有的去获取上天所掌握的。我们的努力越超常，手里掌握的那一半就越庞大，获得的也就越丰硕。

相反，如果我们把眼光拘泥在挫折的痛感之上，就很难再有心思为下一步做打算，那么我们的精神倒了，可能真的就再也爬不起来了。

曾听人讲过这样一件事：

在经济改革大潮的冲击下，山城一家纺织厂因效益不好，决定让一批人下岗。在这一批下岗人员中有两位女性，她们的年龄都在四十岁左右，一位是大学毕业生，工厂的工程师，另一位则是普通女工。就智商而论，这位工程师无疑要胜过那位普通工人，然而，在下岗这件事上，她们的心态却大不一样，而正是两种不同的心态决定了她们以后不同的命运。

女工程师下岗了！这成了全厂的一个热门话题，人们议论着、嘀咕着。女工程师对人生的这一变化深怀怨恨。她愤怒过、骂过、也吵过，但都无济于事。因为下岗人员的数目还在不断增加，别的工程师也下岗了。尽管如此，她的心里却仍不平衡，她始终觉得下岗是一件丢人的事。她整天都闷闷不乐地呆在家里，不愿出门见人，更没想到要重新开始自己的人生，孤独而忧郁的心态抑制了她的一切，包括她的智商。她本来就血压高，身体弱，再加上下岗的打击。没过多久，她就被忧郁的心态打败，孤寂地离开了人世。

而那位普通女工的心态却大不一样，她很快就从下岗的阴影里解脱了出来。她想别人既然能生活下去，自己就也能生活下去。从此以后，她的内心没有了抱怨和焦虑，她平心静气地接受了现实。并在亲戚朋友的支持下开起了一个小小的火锅店。由于她的努力经营，火锅店生意十分红火，仅一年多，她就还清了借款。现在她的火锅店的规模已扩大了几倍，成了山城里小有名气的餐馆，她自己也过上了比在工厂时更好的生活。

一个是智商高的工程师，一个是智商一般的普通女工，她们都曾面临着同样的下岗，但为什么她们的命运却迥然不同呢？原因就在于她们各自的心态不同。

三　痛苦的时候，正是成长的时候

这位女工程师始终让自己处在忧郁之中，这样的心态使得她对自己的人生不可能做出一个理智的评价，更不可能重新扬起生活的风帆。她完完全全沉溺在自己的不幸之中。一个人一旦拥有了这样的心态，其智商就犹如明亮的镜子蒙上了一层厚厚的灰土，根本就不可能映照万物。所以，尽管女工程师的智商高，但在面对生活的变化时，她的心态却阻碍了智商的发挥。不仅如此，她的心态还把她引向了毁灭，那位普通女工的智商虽然一般，但她平和的心态不仅使自己的智商得到了淋漓尽致的发挥，而且还使其以后的生活更加幸福。

"心态是横在人生之路上的双向门，人们可以把它转到一边，进入成功；也可以把它转到另一边，进入失败。"我们选择了正面，你就能乐观自信地舒展眉头，迎接一切；选择了背面，就只能是眉头紧锁，郁郁寡欢，最终成为人生的失败者。

毫无疑问，跌倒了站起来，这是勇士；跌倒了就趴着，这就是懦夫！如果我们放弃了站起来的机会，就那样萎靡地坐在地上，不会有人上前去搀扶你。相反，你只会招来别人的鄙夷和唾弃。要知道，如果你愿意趴着，别人是拉你不起的，即便拉起来，你早晚还会趴下去。

人不怕跌倒，就怕一跌不起，这也是成功者与失败者的区别所在。在这个世界上，最不值得同情的人就是被失败打垮的人，一个否定自己的人又有什么资格要求别人去肯定？自我放弃的人是这个世界上最可怜的人，因为他们的内心一直被自轻自贱的毒蛇噬咬，不仅丢失了心灵的新鲜血液，而且丧失了拼搏的勇气，更可悲的是，他们的心中已经被注入了厌世和绝望的毒液，乃至原本健康的心灵逐渐枯萎……

在人生崎岖的道路上，放弃这个念头随时都会悄然出现，尤其是当我们迷惑、劳累困乏时，更要加倍地警惕。偶尔短时间地滑入低落状态是无可厚非，但如果你陷入其中不可自拔就是灾难了。

想要人生精彩，就不要轻易下结论否定自己，不要怯于接受挑战，只要开始行动，就不会太晚；只要去做，就总有成功的可能。世上能打败我们的，其实只有我们自己，成功的门一直虚掩着，除非我们认为自己不能成功，它才会关闭，而只要我们觉得还有可能，那么一切就皆有可能。

折磨你的人，同时也成就了你

我们活着，不可避免地要承受一些折磨，它来自方方面面，你想躲也躲不掉。对待那些不可抗的因素，我们多数人还能够释怀，但对待那些人为的折磨，我们多数人可能就要耿耿于怀了。

其实我们可以换一种心态去看待。别把它当成消极的打压，把它当成一种促进我们成长的积极因素。这一章我们一直在强调，生命需要历练。生命是一个不断蜕变的过程，有了折磨它才能进步，才能得到升华。如果说我们之中有人已经是成功者，那么不妨回忆一下，真正促成我们成功的，除了自身的能力、亲友的鼓励以外，是不是还有别人的折磨？不管那些人是善意还是恶意，他们在折磨你的同时，是不是也成就了你？这种痛苦是不是让你变得更加睿智、更加成熟？

大文豪莎士比亚就曾遇到过这样的事情。当年，莎翁曾在斯特拉福德镇做剪毛工维持生活。不过，虽然他有一双能写的手，但剪羊毛的技术却让人不敢恭维，因此他常常受到老板的责骂。距离斯特拉福德镇不远处，耸立着一座贵族别墅，它的主人是托马斯·路希爵士。

| 三 痛苦的时候，正是成长的时候 |

有一天，当时年轻冒失的莎翁与镇上一些闲散人带着枪偷偷溜进了爵士的花园，并在那里打死了一头鹿。很不幸，莎翁被抓了个现行，被关在管家的房中整整囚禁了一夜。这一夜里，莎翁可谓是饱受侮辱，他恢复自由以后做得第一件事，便是写了一首尖酸刻薄的讽刺诗贴在花园的大门上。这一举动让爵士大发雷霆，声称要通过法律形式，严惩那个写诗骂人的偷鹿贼。这种情况下，莎士比亚在家乡根本就呆不下去了，他只好前往伦敦另谋生路。就像作家华盛顿·欧文所说的那样，"从此斯特拉福德镇失去了一个手艺不高的剪毛工，而全世界却获得了一位不朽的诗人。"

朋友们可以想象一下，如果没有爵士的折磨，莎翁会不会还在家乡做着那个手艺不高又懒散的剪毛工人？这种悠闲的生活很可能一直继续下去。但当人生受到侮辱与威胁之时，莎翁被迫做出了新的选择，而正是这一选择成就了他璀璨的人生。换而言之，正是爵士的折磨成就了莎翁的人生，我们甚至可以说，爵士就是莎翁生命中的一个引路人！

其实每一种折磨或挫折，都隐藏着让人成功的种子。那些正在向成功努力的朋友更应该看清这一点，不要害怕别人的折磨，更不要因此萎靡不振。事实上，我们从小到大一直在经受着某种意义上的折磨：老师对于我们落后的批评、同学对于我们错误的指责、朋友对于我们偏差的纠正、父母偶尔扬起的巴掌……这一切，我们都把它当成理所当然，因为我们知道，每一次的折磨都像在我们脚下垫了一块砖，让我们站得更高，看得更远。那为什么现在我们的心智更加成熟了，反倒无法释然？或许真是因为我们觉得自己长大了，我们觉得自己不再需要鞭策；又或者我们太希望人生能够一帆风顺，我们心中的"自我意识"容不得别人的侵犯。但事实上，我们错了！你得知道，没有经历过折磨的雄鹰不可能高飞几十年，没有被生活折磨过的人不可能坦然看世间。其实，那些折磨过我们的人和事，往往正是人生中最受用的经历。你不觉得它就像牡蛎一样吗？虽然会喷出扰乱前途的沙子，可是内涵却在于体内那一颗颗绚丽的"珍珠"！

如果你失去一只手，就庆幸自己还有另外一只手

  很多朋友都可能觉得自己很不幸，觉得没有人会比自己更痛苦，觉得自己注定就是个倒霉蛋。但朋友们有没有意识到？直到今天，我们依然四肢健全地活着，活着，就是福气，就该珍惜。当我们为没有新鞋而恼火的时候，我们有没有想过，有的人甚至连穿鞋的机会也没有！但你看他们，依然堂堂正正、一脸笑容地活着。所以说，能不能活出个样子，这不在于命运是厚是薄，它取决于你能否以积极的态度去经营人生，如果说你一味地去抱怨、去咒骂，就此萎靡不振，那么谁也无法将你从"倒霉"的深渊中带出。

  的确，很多时候，命运是爱与人开玩笑，就像人们常说的那样——"倒起霉来，喝口凉水都塞牙"，这一刻霉运找上了我们，确实会让我们很痛苦，但无论如何我们要知道——这个世界上，很多人远比我们还要不幸。在我们遭受苦难、心烦意乱之时，不妨静心想想那些更倒霉的人，你会发现，原来我们根本就没有资格抱怨、没有资格自暴自弃。

  有这样一个故事，很值得我们设身处地地去体验一番：

  有个穷困潦倒的销售员，每天都在抱怨自己怀才不遇，抱怨命运

捉弄自己。

圣诞节前夕，家家户户热闹非凡，到处充满了节日的气氛。唯独他冷冷清清，独自一人坐在公园的长椅上回顾往事。去年的今天，他也是一个人，是靠酒精度过了圣诞节，没有新衣、没有新鞋，更别提新车、新房子了，他觉得自己就是这世界上最孤独、最倒霉的那一个人，他甚至为此产生过轻生的念头！

"唉，看来，今年我又要穿着这双旧鞋子过圣诞节了！"说着，他准备脱掉旧鞋子。这时，"倒霉"的销售员突然看到一个年轻人滑着轮椅从自己面前经过。他顿时醒悟："我有鞋子穿是多么幸福！他连穿鞋子的机会都没有啊！"从此以后，推销员无论做什么都不再抱怨，他珍惜机会，发奋图强，力争上游。数年以后，推销员终于改变了自己的生活，他成了一名百万富翁。

我们都知道，很多人天生就有残缺，但他们从未对生活丧失信心，从不怨天尤人，也正因如此，他们最终战胜了命运。可是我们之中的一些人，生来五官端正，手脚齐全，却仍在抱怨人生，相比之下，难道我们不应该为此感到羞愧吗？事实上，我们总是这样——看别人只看人家的幸运，看自己就总盯着所谓的背运，殊不知世人都有种种烦恼，谁想活得好过一点，谁就得多为自己所拥有的感到庆幸。

所以，如果你失去一只手，就庆幸自己还有另外一只手，如果失去两只手，就庆幸自己还活着，如果连命都没了，事实上也就没有什么可烦恼的了。人生的道理不就是这样吗？珍惜现在所拥有的，你才能感受到幸福。所以说，人还是应该多往好的方面看，当苦难来临之际，不要老是盯着阴暗的一面，调转目标光，看看那些同样承受苦难的人，再想想自己所拥有的，或许我们就会有所改观，或许就会觉得自己已经很幸运了。

更何况，一个倒霉的开端并不意味着一定是个悲惨的结局，事情的结果终究没有确定，我们又何苦惶惶不可终日？或许，多一点心气、多一点斗志，事情的结果就会大不一样。要知道，这世界根本就没有过不去的坎，一时的失意绝不意味着失意一生。苦难谁没有？倒霉的人已比比皆是。若不信，不妨在搜索引擎上试着输入"倒霉"两个字，滚入你眼中的必是数之不尽的信息。可惜大多数人都是这样，看不透、悟不明，本来无甚大碍，却始终觉得自己是何其不幸，让自己难过、痛苦、烦乱，但生活不是还得继续，苦难也不会消失，其实我们该整日思索的，应是如何去克服苦难。

要知道，生命中收获最多的阶段，往往就是最难挨、最痛苦的时候，因为它迫使我们重新检视反省，替我们打开内心世界，带来更清晰、更明确的方向。诚然，要想生命尽在掌控之中是件非常困难的事，但日积月累之后，经验能帮助我们汇集出一股力量，让我们愈来愈能在人生赌局中进出自如。很多灾难在事过境迁之后回头看它，会发现它并没有当初看来那么糟糕，这就是生命的成熟与锻炼。

其实纵然是一双旧鞋子，但穿在脚上仍是温暖、舒适的，因为这世界上还有人连穿鞋的机会都没有！事实上，上苍给予每个人的苦与乐都是大致相同的，只是我们对于苦乐的态度不同。有时我所求，确在别人处，有时我所有，正是他所求。所以人皆有苦，亦皆有乐。当我们含笑面对这一切时，便没有解不开的心结。人生路上，天空总是会下雨，当没有阳光时，我们自己就是阳光，没有快乐时，我们自己便是快乐。

把自己锻造成一条好轮胎

尽管我们的人生有诸多不如意，可我们的生活还是要继续。然而，不肯接受这诸多"不如意"的人也不少见。这些朋友拼命想让情况转变过来，为此他们劳心劳力，如果事情没有转机，他们就会把问题归结到自己身上，觉得自己没有尽力，或是没有本事。然而，总有些事情是我们力所不及的。有句很通俗的谚语："活人哭死人，犹如傻狗撵飞禽。"对于那些无法改变的事情，与其苛求自己做无用功，不如坦然接受的好。

也就是说，既然我们控制不了，莫不如就选择去喜欢！不要固执地扛住不放，有时，"顺应天命"也是一种不错的选择。别为我们无法控制的事情而烦恼，我们要做的是决定自己对于既成事实的态度。

已故的美国小说家塔金顿常说："我可以忍受一切变故，除了失明，我决不能忍受失明。"可是在他60岁的某一天，当他看着地毯时，却发现地毯的颜色渐渐模糊，他看不出图案。他去看医生，得知了残酷的现实：他即将失明。现在，他有一只眼差不多全瞎了，另一只也接近失明。他最恐惧的事终于发生了。

塔金顿对这最大的灾难作如何反应呢？他是否觉得："完了，我的人生完了！"完全不是，令人惊讶的是，他还蛮愉快的，他甚至发挥了他的幽默感。这些浮游的斑点阻挡他的视力，当大斑点晃过他的视野时，他会说："嘿，又是这个大家伙，不知道它今早要到哪儿去！"完全失明后，塔金顿说："我现在已接受了这个事实，也可以面对任何状况。"

为了恢复视力，塔金顿在一年内得接受12次以上的手术，而且只是采取局部麻醉。他了解这是必需的，无可逃避的，唯一能做的就是坦然地接受。他拒绝了住私人病房，而和大家一起住在大众病房，想办法让大家高兴一点。当他必须再次接受手术时，他提醒自己是何等幸运："多奇妙啊，科学已进步到连人眼如此精细的器官都能动手术了。"

其实，生活中，我们每个人都可能存在着这样的弱点：不能面对苦难。但是，只要坚强，每个人都可以接受它。像本以为自己决不能忍受失明的塔金顿一样，这个时候他却说："我不愿用快乐的经验来替换这次的体会。"他因此学会了接受，并相信人生没有任何事会超过他的容忍力。如塔金顿所说的，此次经验教导他"失明并不悲惨，无力容忍失明才是真正悲惨的"。

面对不可避免的事实，我们就应该学着像树木一样顺其自然，面对黑夜、风暴、饥饿、意外与挫折。"

毫无疑问，塔金顿先生就是生活中的强者，原因在于他不仅能勇敢坚强地接受既定的现实带来的不幸和困境，并且能平静而理智地对待它、利用它。相反，那些始终试图改变既成事实的人，虽然看起来很辛苦，很努力，其实他们的内心倒可能是软弱的：他们无法说服自己接受不幸和困境，他们选择了欺骗自己。

厄运的到来是我们无法预知的，面对它带来的巨大压力，怨天尤人只会使我们的命运更加灰暗。所以我们必须选择一种对我们有好处的活法，换一种心态，换一种途径，才能不为厄运的深渊所淹没。

当初，发明汽车轮胎的人想要制造一种轮胎，能在路况很差的地方行驶，抗拒坎坷和颠簸，开始情况不甚理想，失败连连。但经过不懈的探索试验，他们终于生产出了这样的轮胎。它既能承受巨大的压力，又能抗拒一切的碎石块和其他障碍物。他们称赞它"能接受一切"。做人也应与好的轮胎一样，只有能接受一切，并且勇敢前进，才能通过人生的另一种途径走得更远。

的确，生活中发生的很多事情也许已将我们磨得失去了耐性，可是没有办法改变，又能怎么办呢？最好的办法，就是把生活当成自己的小情人吧，在经受挫折时，就当是她在发脾气，不要与她计较，哄哄她也是一种生活的调情。

人生如茶，苦中一缕芬芳

若将两眉作草头，两眼作一横，鼻子为一竖，下面承接口，恰巧是一个"苦"字。似乎冥冥中已有注定，人生是需要用苦难浸泡的，没有了伤痛，生命就少了炫彩和厚重。只有在伤口中盛开的花朵，才是陪伴我们默默前行的风景。所以，与其心有余悸，千方百计去躲避，还不如把它雕刻在心灵的石碑上，无需回头，路在你的前面，后面只是你的影子。

显然温室中的花朵，很少能够得到诗人的垂青；贪图安逸的"懒人"，也就只能一次又一次地被人超越。这个世界很公平，你不肯付出，就不要奢望得到成功的眷顾。其实，"苦难"是一种对人生很有用的经历，因为，它看起来有点像牡蛎，虽然会喷出扰乱我们前途的沙子，但体内却隐藏着一颗颗可以让我们迈向成功的"珍珠"！

有这样一个男人，他在六岁时就跟随父亲在台球房玩耍。生活中，他也唯独对台球情有独钟，常常一个上午就目不转睛地看着别人打台球，甚至有时连吃饭都不记得。父亲发现了他的潜质，为了他能够更好地练球，便将他送到上海的一家俱乐部进行系统训练。这是他第一次独自离家远行，在上海的两个月里，他不得不为大哥哥们打饭买烟，洗洗袜子等等，这才打动了大哥哥们，偶尔会教他一些斯诺克技巧。

这次训练回来以后，父亲又带他到广州一家设备最好的桌球城进行专业训练。他和父亲每天晚上挤在桌球房的一个小角落中，那里只有一张小床，晚上他们经常被蚊子咬醒，奇痒无比，抓着抓着便化了脓。为了省钱，他只买几块钱一支的红霉素软膏涂抹。父亲见了，不免心疼，而他只是坦然一笑："没事。一打上球就全都忘了。"也许，你已经猜到了他是谁，对，他就是被人们称为"神童"的丁俊晖。

神童的确是天才，但天才就是百分之一的天赋，外加百分之九十九的汗水。只是在这百分之九十九的汗水后，谁能懂得天才的付出，天才的辛苦呢？可能只有他自己明白，也只有他自己才品味的出。

生活有时的确很苦，但我们完全可以使它苦得像茶，在苦味之中散发着一缕清香。就像丁俊晖一样，也许对于旁观者而言，他们只看到了他今天的光鲜，但对于他自己来说，这段苦是刻骨铭心的，也正是因为有了这段苦，才成就了他今天的辉煌。

其实，人们最好的成绩往往是处于逆境时做出的。思想上的压力，甚至肉体上的痛苦都可能成为精神上的兴奋剂。在那些曾经受过折磨和苦难的地方，最能长出思想来。所以，很多时候，因为选择的不同，资质上相差无几的人便有了不一样的命运：有些人放弃安逸，甘受风霜的洗礼、尘世的雕琢，便做出了让人羡慕的成绩；有些人放弃雕琢，沉于安逸，便成了一块废料。那么，如果是你，你会放下什么、选择什么？

我们希望大家都能选择去吃一些苦，因为苦是人生的增上缘，吃苦是成功必经的过程。幸福中有苦难，生活就是享受与受苦、幸福与悲哀的混合体。吃苦能够增强我们的免疫力，吃多少种苦，我们就会在多少艰难困苦的环境下自动获得免疫力。事实上你羡慕今天的那些"大人物"，殊不知当初他们也是"小人物"，只不过吃了别人吃不了的苦，才会成就别人成就不了的事。那些开路虎的人，曾经也可能像你一样骑着自行车穿越马路，至于你能不能成为他们之中的一员，那就要看你对于苦难的态度。

谁都会有春天

每一天、甚至每一秒，我们都在遭遇着不一样的事情，都要见到很多人，无理的、欣喜的、无聊的、有意义的，交叉在一起才叫生命。

我们都体验过幸福与快乐，也不可避免的要遭遇坎坷，欢乐的时光于我们而言总是那样短暂，而痛苦却让我们感到度日如年，我们很快就会忘记彼时的快乐，却与此时的痛苦纠缠不断，不是不可战胜，而是四肢发冷——我们木然在那些伤痛中，心颤了，胆寒了。

我们为何变得如此胆怯？还是天生就是个草包？相信没有人喜欢这个"雅号"，而事实上，我们也曾是很多人心中的骄傲，只是不知从何时起，挫折不讲道理地一次次来袭，或许你也曾抗衡过，只是越发地感觉气力不济，于是最终想到了放弃。显然不曾有人告诉过你，这个世界上只有一条路不能选择，那就是放弃的路，只有一条路不能放弃，那就是成长的路。而恰恰，痛苦的时候，也正是我们成长的时候。

曾听过一个黑人男孩的故事，他出生在一个贫寒的家庭。父亲过早地撒手人寰，只留下嗷嗷待哺的他与母亲相依为命。那个可怜的母亲是个只会打零工的女人，她爱自己的孩子，也想给他其他孩子一样的生活，但她确实没有那个能力，她每个月只能拿到不足30美元的工钱。

有一次，黑人男孩的班主任让班上的同学们捐钱，男孩觉得自己与其他人没什么差别，他也想有所表现，于是拿着自己捡垃圾换来的三块钱，激动地等待老师叫他的名字。可是，直到最后，老师也没有点他的名字。他大为不解，便向老师去问个究竟，没想到，老师却厉声说道："我们这次募捐正是为了帮助像你这样的穷人，这位同学，如果你爸爸出得起5元钱的课外活动费，你就不用领救济金了……"男孩的眼泪瞬间流了下来，他第一次感到那么的屈辱与委屈，打那天以后，男孩再也没有踏进这所学校半步。

三十年弹指一挥间，这位名叫狄克·格里戈的黑人男孩如今已经成了美国著名的节目主持人。每每提及此事时，他总是会说："经由这盆冷水的冲刷，我的梦想将会更明朗，信念将会更加笃定。"

那么小的孩子，那么大的刺激，这事若换在我们身上，或许阴影便会笼罩一生，或许我们便真的认命了，继续领着救济金，继续过着低人一头的生活。显然狄克·格里戈的意志力要比我们很多人都强，他应该很清楚，生命是自己的，前程是自己的，幸福也是自己的，并不是随便某个人的几句话、随便的一点什么挫折就可以毁掉，所以他要珍爱自己的生命！他要证明给那些轻贱自己的人看——穷屌丝也有春天！

而现在的我们所缺少的，也许正是狄克·格里戈那种化刺激为潜力的心气儿，挫折改变了两种人的命运——它能够将懦夫拉入万丈深渊，同样也能够成就生命的美丽。而成与败的关键就在于，你是不是能够把它看成是生命的一种常态。

当你不在惧怕苦难时，你会对人生有更深一层的领悟，就是在这样一次次的领悟中，你会走出一个不平庸的人生。不信你看看那些真正有成就的人，他们哪一个不是在经历了失败和挫折之后才取得辉煌成就的？

所以你必须相信，那么多当时你觉得快要要了你的命的事情，那么多你觉得快要撑不过去的打击，都会慢慢地好起来。就算再慢，只要你愿意等，它也愿意成为过去。而那些你暂时不能拒绝的、不能挑战的、不能战胜的，不能逆转的，就告诉自己，凡是不能杀死你的，最终都会让你变得更强！

把药裹进糖里

有人说：人之所以哭着来到这个世界，是因为他们知道，从这一刻起便要开始经受苦难。这话说的挺有哲理。可是，人的一生不能在哭泣中度过，发泄过后你是不是要思考一下：怎样才能让我们的人生走出困境，焕发出绚丽的色彩，让自己在生命的最后一刹那能够笑着离开？这，需要的是一种积极的心态。

在今天这种激烈的角逐面前，就算曾经在某一领域无往不利、叱咤风云的人物也难免惊慌失措，做出错误的判断。失败，只是人生的一种常态，不同的是，有些人在困境面前能够不受客观环境影响，不仅没有被击倒，反而将人生推上了更高的层次；有些人则很容易萎靡不振，把人生带入深渊。逆境，就是一种优胜劣汰。

前者甚至可以被撕碎，但不会被击倒。他们心中有一种光，那是任何外在不利因素都无法扑灭的、对于人生的追求和对未来的向往；将后者击倒的不是别人，而是他们自己，是他们的冥想中没有了信念，熄灭了心中的光。

心中有光，就会有信念，就会有力量！

曾见过这样一位母亲，她没有什么文化，只认识一些简单的文字，会一些初级的算术。但她教育孩子的方法着实令人称赞。

她家的瓶瓶罐罐总是装着不多的白糖、红糖、冰糖，那时候孩子还小，每每生病一脸痛苦，她都会笑眯眯地和些白糖在药里，或者用麻纸把药裹进糖里，在瓷缸里放上一刻，然后拿出来。那些让小孩子望而生畏的药片经这位母亲那么一和一裹，给人的感觉就不一样了，在小孩子看来就充满诱惑，就连没病的孩子都想吃上一口。

在孩子们的眼中，母亲俨然就是高明的魔术师，能够把苦的东西变成甜的，把可怕的东西变成喜欢的。

"儿啊，尽管药是苦的，但你咽不下去的时候，把它裹进糖里，就会好些。"这是一位朴实的家庭妇女感悟出的生活哲理，她没有文化，但却很懂生活。

这是一种"减法思维"，减去了药的苦涩，就不会难以下咽。如今，她的孩子都已长大成人，也都有了自己的家庭，但每当情绪低落的时候，就会想起母亲说的那句话：把药裹进糖里。

她只是个普通的家庭妇女，在物质上无法给予子女大量的支持，但带给他们的精神财富却足以令其享用一生。她灌输给子女的是一种苦尽甘来的信仰，把生活的苦包进对美好未来的冥想之中，就能冲淡痛苦；心中有光，在沉重的日子里以积极的心态去冥想，就能够改变境况。

不知大家有没有读过三毛的《撒哈拉的故事》，那里充满了苦中作乐的情趣，领略过后，恐怕你听到那些憧憬旅行、爱好漂泊的人说自己没有读过"三毛"，都会觉得不可思议。

这本书含序，一共14个篇章。用妈妈温暖的信启程，以白手起家的自述结尾。在撒哈拉，环境非常之恶劣，三毛活在一群思维生活都原始的沙哈拉威人之中，资源匮乏又昂贵，但她却颇懂得做快乐的冥想。尽管生活中有诸多的不如意，但只要有闪光点，她就会将其冥想成诙谐幽默的故事，然后娓娓道来，引人入胜。

在序里，三毛母亲写到："自读完了你的《白手成家》后，我泪流满面，心如绞痛，孩子，你从来都没有告诉父母，你所受的苦难和物质上的缺乏，体力上的透支，影响你的健康，你时时都在病中。你把这个僻远荒凉、简陋的小屋，布置成你们的王国（都是废物利用），我十分相信，你确有此能耐。"

如果有时间，建议你买一本来看看，去了解一下那些苦中作乐的故事，那里有很多的不容易，但都被三毛轻松地带过了。

毫无疑问，三毛以及那位普通的母亲，都是对生活颇有感悟的人。其实生活就是一种对立的存在，没有苦就无所谓甜，如果我们都懂得在不如意的日子里给痛苦的心情加点糖，就没有什么过不去的事情。

其实我们完全可以把人生冥想成一个"吃药"的过程：在追求目标的岁月里，我们不可避免地会"感染伤病"，你可以把药直接吃下去，也可以把它裹进糖里，尽管方式有所不同，但只有一个共同的目的：尽快尽早地治愈病伤，实现苦苦追求的目标。将药裹进糖里减轻了苦痛的程度，在生命力不济之时不妨试试这个方法。

生活，十分精彩，却一定会有八九分不同程度的苦，作为成熟的人，应该懂得苦中作乐。痛苦是一种现实，快乐是一种态度，在残酷的现实面前常做快乐的冥想，便是人生的成熟。世界不完美，人心有亲疏，岂能处处如你所愿？让自己站的高一点，看得远一点，赤橙黄绿青蓝紫，七彩人生，各不相同；酸甜苦辣咸，五种滋味，一应俱全；喜怒哀乐悲惊恐，七种情感，品之不尽。成熟，就是阅尽千帆，等闲沧桑，苦并快乐着。

四

人之所以痛苦，在于追求了错误的东西

占有欲是每个人内心都潜在的东西，你可以有，但不能让它成为你的一切，也不能成为你痛苦的理由。

我们到底应该追求什么

人的一生，究竟在追求什么？我们的一生到底应该追求什么？不知你可曾想过自己的追求是否值得，那么，我们不妨去看看别人对于这个问题的考虑，应该会有很大的借鉴意义。

据说在英国的一个小镇上，有一个青年人整日以沿街说唱为生；这里有一个外国妇女，远离家人，在这儿打工。

他们总是在同一个小餐馆用餐，于是他们屡屡相遇。

时间长了，彼此已十分的熟悉。有一日，这位妇女关切地对那个小伙子说："不要沿街卖唱了，去做一个正当的职业吧。我介绍你到我的家乡教书，在那儿，你完全可以拿到比你现在高得多的薪水。"

小伙子听后，先是一愣，然后反问道："难道我现在从事的不是正当的职业吗？我喜欢这个职业，它给我、也给其他人带来欢乐。有什么不好？我何必要远渡重洋，抛弃亲人，抛弃家园，去做我并不喜欢的工作？"

邻桌的英国人，无论老人孩子，也都为之愕然。他们不明白，仅仅为了多挣几张钞票，抛弃家人，远离幸福，有什么可以值得羡慕的。在他们的眼中，家人团聚，平平安安，才是最大的幸福。它与财富的多少、地位的贵贱无关。

于是，小镇上的人，开始可怜这位妇女了。

还有这样一个故事：

有这样一对夫妇。

四 人之所以痛苦，在于追求了错误的东西

刚刚结婚时，妻子在铁岭，丈夫在本溪；过了若干年，妻子调到了本溪，丈夫却一纸调令到了大连。若干年后，妻子又费尽周折，调到了大连，但不久，丈夫又被提拔到了省城沈阳。妻子又好不容易调到了沈阳。可是不到一年，丈夫又被国家电业总公司调到天津。于是，她所有的朋友就与她开玩笑——你们俩呀，天生就是牛郎织女的命。要我们说呀，你也别追了，干脆辞职，跟着你们家老张算了。

但是，她以及公婆、父母都一致反对。"干了这么多年，马上就退休了，再说，你的单位效益这么好，辞职多可惜。要丢掉多少钱呀！再干几年吧，也给孩子多挣一些。"

其实，他们家的经济条件已经非常优越。早已是中产阶级，但是他们仍然惦念着那一点退休金。

于是，夫妻两个至今依然是牛郎织女。

我们都认为自己在为某种目标而活着，可是我们是否真的明白活着的意义？我们的心里可能装着理想、装着工作、装着金钱……可是很多时候，我们却忘记了装着自己。我们有时甚至甘愿委屈地活着，为了工作上的登峰造极，为了利益结成婚姻，在人际关系上强作笑颜，甚至只是为了一个所谓的户口……我们甚至甘愿牺牲自己的幸福，只是为了那个所谓的目标，可是有些时候，我们的目标是否值得？

我们可以忍受煎熬，但却不懂得安贫乐道，我们愿意把高官厚禄当做成功，愿意将身价千万当成理想，为此我们宁愿抛却天伦之乐过着飘荡的生活，难道家庭的和睦幸福、人生的平淡无波就不是一种成功？是的，我们没有看透，所以在国外妇孺皆知的道理，到了我们这里，几乎没有人能够想明白。于是，我们在徒有其名的怪圈中受尽折磨，早早地便遗忘了自由与自我。

那么现在我们再想想，人的一生究竟应该追求什么？很显然，这没有一个标准的答案，每个人都有自己的衡量。但有一点毋庸置

疑，人生最大的成功，莫过于按照自己喜欢的方式去生活，去度过整个人生。

如果你觉得安于现状是你想要的，那选择安于现状的生活就会让你幸福和满足，如果你不甘平庸，选择一条改变、进取和奋斗的道路，在这个追求的过程中你也一样会感到快乐。所谓的成功，也许就是按照自己想要的生活方式生活。最糟糕的状态莫过于当你想选择一条不甘平庸、进取和奋斗的道路时，却以一种安于现状的方式生活，最后抱怨自己没有得到自己想要的人生！

你的生命需要的仅仅是一颗心脏

财利，是人人所喜欢的，可是生病之时，财利无法受用，还要破费财利。所以一个人健康，便算是有大财大利了。须知，有了健康才有求得其他一切的可能。

对于健康与事业、金钱、地位等等的关系，我们可以做一个形象的比喻。如果"1000000000"代表我们全部美好人生的话，那么"1"就代表健康，而那些"0"则代表事业、金钱、地位、权力、快乐、家庭、爱情、房子……我们会发现，如果失去了健康的"1"，一切将等于"0"。只有拥有健康的身体，才能拥有并享用这些身外之物。健康是人生之根本。可以说，健康是人的幸福最重要的成分，人的幸福十之八九有赖于健康的身心。

美国好莱坞影星利奥·罗斯顿在英国一次演出时，因患心肌衰竭被送进了伦敦一家著名的医院——汤普森急救中心，因为他的疾病起因于肥胖，当时他体重385磅，尽管抢救他的医生使用了当时最先进的药物和医疗器械，但最终还是没能够留住他的生命。他在临终时不断自言自语，一遍遍重复道："你的身躯很庞大，但你的生命需要的仅仅是一颗心脏。"

汤普森医院的院长为一颗艺术明星过早地陨落而感到非常伤心和惋惜，他决定将这句话刻在医院的大楼上，以此来警策后人。

后来，美国的石油大亨默尔在为生意奔波的途中，由于过度劳累，患了心肌衰竭，也住进了这家医院，一个月之后，他顺利地病愈出院了。出院后他立刻变卖了自己多年来辛苦经营的石油公司，住到了苏格兰的一栋乡下别墅里去了。在汤普森医院百年庆典宴会上，有记者问前来参加庆典的默尔："当初你为什么要卖掉自己的公司？"默尔指着刻在大楼上的那句话说："是利奥·罗斯顿提醒了我。"

后来在默尔的传记里写有这样一句话："巨富和肥胖并没有什么两样，不过是获得了超过自己需要的东西罢了。"

的确，多余的脂肪会压迫人的心脏，多余的财富会拖累人的心灵。因此，对于真正享受生活的人来说，任何不需要的东西都是多余的，他们不会让自己去背负这样一个沉重的包袱。人如果想活得健康一点儿、自在一点儿，任何多余的东西都必须舍弃。金钱对某些人来说，可能很重要，但对某些人来说，一点也不重要。不要做金钱的奴隶，金钱不是万能的，它不能买到世间的一切。

想想我们对同样的外界环境和事件，在健康强壮时和缠绵病榻时的看法及感受如何不同，即可看出使我们幸福或不幸福的，并非客观事件，而是那些事件给予我们的影响和我们对它的看法。就像伊皮泰特斯所说："人们不受事物影响，却受别人对事物看法的影响。"一般说来，人的幸福十之八九有赖健康的身心。

所以，世间没有任何事比身心的健康更重要了。其实欲望不应该是罪恶的根源，但如果欲望让人食之无味，彻夜难寐，那它就会成为戕害你的刽子手。遗憾的是，在很多人心中，对于欲望的执着追求，永远都无法满足，这就是人们常说的贪婪。这类人或许能够得到很多财富，但却因此丧失去了健康、快乐，未免太不值得。

目标过高，是在自寻烦恼

每个人都有自己的抱负，志存高远也无可厚非。但如果将目标定得太高，实现起来难度太大或者说根本实现不了，就会令自己郁郁寡欢，这俨然是在自寻烦恼。

压力既是推动人前进的"推进器"，也会变成破坏人生的"定时炸弹"。我们不但要学会给自己加压，防止松懈，也要学会给自己减压，让生活中多一点轻松自在。

2000年悉尼奥运会气手枪射击决赛第八发射击的时候，赛场气氛似乎到了窒息的程度。中国队选手陶璐娜的手在颤抖，枪口在晃动。果然，陶璐娜只打了9.4环。

据教练孙盛伟介绍，在一般的世界大赛决赛上，射击运动员的脉搏约为每分钟130次，而这场比赛中，运动员的脉搏则达到了160次左右！

陶璐娜的气手枪重量为1100多克，扣扳机的力量在500克以上。靶心的那个黑点直径为10毫米，0.1环的差距仅仅是0.5毫米。胜负成败就在细微差别之中。所以，射击比赛对运动员的心理要求非常高，任何细小的情绪波动都将反应到手腕上、枪口上，并在黑色的靶心上留下不能磨去的印记。所以，运动员最好不要苛求自己。以平常心应战，这才是比赛胜利的不二法门。

过高地要求自己，是吞噬生命的无底洞，它需要拼尽全部的心力才能满足，这样，奋斗的过程只剩下压抑感和紧张感，乐趣全失。时间一久，内心便会产生无法排解的疲劳感，整个人就像被蠹空的大树，虽然外面看起来粗壮，稍遇大风雨就会拦腰折断。

人，其实是一种很简单的生物，事情做成了就高兴，失败了就生气。既然如此，何必把要求定那么高呢？辛弃疾在《沁园春·戒酒》词中有两句话："物无美恶，过则为灾。"对自己的要求也是这样。严格要求自己，永不满足，不断上进，本是人生的进步动力，然而，给自己设下过高的目标，太过严厉地要求自己，能否达成目标不说，最起码会失去很多人生的乐趣。股神巴菲特提到自己的行动指南说："我们专挑那种一尺的低栏，而避免碰到七尺的跳高。"在成为人上人的拼杀中，有几人能最终胜出？又有多少人夭折在了半路上？量力而行，不强求，不强取，过平常人的安稳日子，或许也是一种不错的选择。

有一位同学，他在高中时立下志愿，一定要考上名牌大学。他功课的底子并不好，为了能实现自己的愿望，他每天在别人还没起床的时候就去读外语；晚上别人都睡了，他还在做习题。课外活动一概不参与，同学一块玩更没他的影子。过重的学习负担不但给他造成了巨大的身心压力，还让他的性格变得沉闷、封闭。他就在紧张、疲惫中度过了高中生活。日后同学聚会，别人都聚在一块兴致勃勃地回忆当年的快乐时光，只有他一个人默默无语，因为他的高中生活除了紧张的学习，实在没剩下什么。

俗话说："吃多少饭端多大碗。"过分地对自己高要求，希望以此鞭策自己不断前进，只会适得其反。马儿是要鞭打跑得才快，但是再健壮的骏马也要休息，倘若骑手不顾马命，一味鞭策，坐骑就有累死的危险。马儿如此，人又何尝不是呢？所以，把标杆降低点，对自己要求低一些，也许你会活得更轻松。

降低对自己的要求不是放纵堕落，而是基于对自己的能力，对自己奋斗能得到成果，对放松能得到生活乐趣三者权衡利弊作出来的决定。漠视个人能力的局限，只会劳而无功；不比较奋斗成果和放松的乐趣，你永远都不知道自己的奋斗值不值得。

降低对自己的要求就是要相信没有人是无所不能的，相信再坚强的人也会有疲惫的时候。努力拼搏，就像在人生路上猛跑，降低要求就是放慢脚步，去看看路边的风景。终点撞线的荣光固然可羡，路边的风景也是同样的美丽，甚至比终点的光荣还有价值。说到底，人生毕竟是旅途，不是谁设定好的竞赛。只是很多人都有这样的偏执，他们对自己要求太高，近乎苛刻，常因小小瑕疵而自责不已。说起来，这样的人活得真的很累。其实，人生需要更多的是激励，而不是自我惩处，为减少我们生命中的负累感和挫折感，我们有必要降低对于自身的期望，如此，心情真的会舒畅许多。

人这一生，有舍才有得

世人都有自己的人生路要走，但要边走边思自己心中的得失是什么，莫要虚度此生，空悲切。

很久以前，城郊有一座葡萄园，果实甘甜，每到成熟季节，都会有很多人前来采摘，而每每此时，都会有一只鸟儿盘旋在葡萄园上方。如果有人伸手去摘葡萄,这只鸟就会大叫不停,仔细听那声音,似乎是"我所有……我所有!",因此,人们给它取了一个十分滑稽的名字,叫做"吝啬鸟"。

这年,葡萄园大丰收,前来采摘的人比往年多了一倍。吝啬鸟叫得凄厉异常,但人们对此早已司空见惯,根本不去理会。最后,由于日复一日的啼叫,吝啬鸟累得咳血而亡。

据说数十年前,城中住着一位年轻人,他在父母过世以后继承了大笔财产。对他而言,钱财就是一切,他每天计算着自己的财产数量,甚至连城郊葡萄园的收成也计算在内,只盼望能够越多越好。

在他看来,多一个人就会多一份消耗,所以他一生没有娶妻生子。终老以后,由于他的财产无人继承,所以便全部没入了国库。

吝啬鸟的前世,就是这位年轻人。他虽已转世为鸟,但仍未改吝啬之习,仍想霸着葡萄园不放,乃致累得咳血而亡。

紧紧抓着不放,不肯与人分享丝毫,这样的人其实是贫穷的。既然你所拥有的已经超过你所需要的,那么为何不能让更多真正需要的人"沾沾光"呢?若如此,你一定能够赢得人格上的富足。

让河流动,方得一池清水,这是流水不腐的道理。舍而后得,这是人生的道理。

舍与得的问题,多少有点哲学的意味。舍得,舍得,先有舍才有得,不舍不得,小舍小得,大舍大得,舍即是得。舍是得的基础,将欲取之,必先予之,因而人生最大的问题不是获得,而是舍弃,无舍尽得谓之贪。贪者,万恶之首也。领悟了舍得之道,对于做人做事都有莫大的益处。做人,应该抛弃贪婪、虚伪、浮华、自私,力求真诚、善良、平和、大气。

生活本来就是舍与得的世界,我们在选择中走向成熟。做学问要有取舍,做生意要有取舍,爱情要有取舍,婚姻也要有取舍,实现人生价值更要有取舍……正如孟子所说："鱼，我所欲也；熊掌，亦我所欲也。二者不可兼得，舍鱼而取熊掌者也。"人生即是如此，有所舍而有所得，在舍与得之间蕴藏着不同的机会，就看你如何抉择。倘若因一时贪婪而不肯放手，结果只会被迫全部舍去，这无异于作茧自缚，而且错过的将是人生最美好的时光，即使最后能获得什么，那也是一种得不偿失！何苦来哉？

非分之福不为福

长久以来，坊间一直流传着"红颜祸水"之说，譬如褒姒、譬如西施、譬如陈圆圆，均被蔑为覆国之根源。其实，祸之根本不在美色，而在贪恋美色的人。客观地看，褒姒长得美，这有错吗？褒姒不爱笑，这有错吗？试想，整日对着一个"二百五"谁又能够笑得出来呢？之所以会出现祸乱，还是因为周幽王、夫差之流控制不了自己的欲望，被美色冲昏了头脑，甚至不惜拿江山社稷开玩笑，才落得个国破家亡的下场。所以说，美色本无罪，而纵欲之人才是罪魁祸首。

当然，迷恋美色并非男人专利，女人其实也很"好色"。只不过，很多男人一生都对美色有着一种向往，而多数女人则只是阶段性的幻想，她们在少女时期或许会抱着不切实际的"白马王子梦"，但梦醒之后就会开始务实地选择生命中的最佳伴侣。

显而易见，爱美之心人皆有之。虽然我们都知道，美色不过一张表皮，经不起岁月的打磨，迟早会年老色衰，但每每见到美色于前，我们还是忍不住悸动。无可厚非，这实在是人的一种本能反应。从生

| 四　人之所以痛苦，在于追求了错误的东西 |

物性的角度上说，不论男女，每个人都有自己偏爱的长相和身材，一旦遇到，便"一见钟情"、难以自抑，总想着找机会与对方在一起，内心盼望着能与对方共同孕育爱的结晶。从社会心理学的角度分析，拥有出众的情人会让人自我感觉高人一等，在与别人的比较中，也会产生一种胜出的快感，所以多数情况下，越是强势的人对于异性的各方面要求越为苛刻，越是强势的人，也就越是希望能够征服更多的异性。在这方面，男人尤甚。

家乡有一位老人就是这样，他前不久离世而去，虽然后人枝繁叶茂，却不曾有一人前来料理后事。据家里的长辈说，老人年轻时自命风流、爱惹桃花。有一段时间曾抛下孤儿寡母，带着家产与情人远走高飞。几年以后，家产败光，情人也离他而去。这时，发妻已将破烂不堪的家打理得井井有条。他厚着脸皮回来磕头认错，妻子动了恻隐之心。谁知没过多久，他再度卷款而去……妻子离世以后，老人一直在外地火车站乞讨为生，后来遇到乡里人才被送回家乡养老院。他的儿女都在外地，日子过得都很红火，每年清明节开着大车、小车回来祭拜母亲，顺便交养老院的费用，却没有一人肯来看看老人……

老辈人说："上天赐给每个人的'福'都是大致相同的，不同的是，有些人纵欲无度，一味索取和挥霍，所以，那些被提前挥霍掉的幸福就再也不会回来。"这很有道理，人总得为自己的行为负责，我们种下什么样的因，就会收到什么样的果，如果说我们不想失去已有的福气，那么就请善待爱着你的人。

不可否认的是，在生活中，我们常会在毫无预料的情况下遭受到婚姻外的诱惑，我们虽然仍然深爱对方，但却有位新异性吸引了我们的目光。这种吸引是否正常？是否道德？应该说，这种吸引是正常人的正常反应。吸引，毕竟只是一种心理状态，它使我们产生了一种对美好事物追求的幻想。但幻想归幻想，你千万不要把它当成目标，不顾一切地追求起来，这种追求是盲目的、不负责任的，尤其在婚姻感情方面，因为一时冲动而做出有违伦理道德的事情是非常愚蠢的。结婚是一种事实，但是它不会使我们深藏的人性完全隐匿起来，对于美的追求，对于刺激的向往，都是时常可能发生的事情。例如，很多人会因为看到自己喜欢的电影、明星而感到兴奋，但是大多数人绝对不会为享受这种情欲幻想而毁了自己的幸福。作为婚姻的另一方，也应该对这种情绪的产生有所准备。毕竟我们不可能同时具备吸引人的所有要素，所以当妻子或丈夫产生这种幻想时，我们不要过于气愤和紧张，不要过度地干涉，而要充分相信自己，相信对方的理性，相信共同的感情基础。

很多人都相信这样一个传说——很早以前男女是合体的，但因为触犯天条而被天雷劈成了两半。所以人的一生都在寻找他（她）的另一半……而电影和电视剧也常顺着这个思路不断重复相同的情节，有个特别的人，在某个地方正等待着自己，这是冥冥中的注定，当彼此相遇，幸福也就宣告开始，我们不仅彼此深爱着对方，甚至会忘记别人的存在，无视别人的魅力。这是多么幼稚的想法和逻辑！美丽动人的女人，英俊潇洒的男士，或多或少都会在我们心中激起一丝异样的感觉。只是人是有理性的动物，应该考虑自己的责任和做人的原则，不应像飞蛾扑火一样，为了一时的冲动，就做出不计后果的事情来。你可以"恨不相逢未嫁时"，留下一份美丽的遗憾，然后恢复你正常的生活；你可以把他（她）当作偶尔投影在你心波的云彩，珍藏那一美丽的瞬间，潇洒地挥手走人。当然，你也有权利重新选择，进行家庭的重新组合，但你确信现在的爱人不值得你去厮守？即使你想清楚了，做出这样一种决定，也一定要正大光明地讲出来，万不可苟且行事，否则你的结果一定非常惨淡。

总而言之，我们做人当有该有之责任感，无论男女，对自己必须要有一份约束，在"乱花渐欲迷人眼"之时，静心想想放纵的后果以及对爱人的伤害，这是一个起码的道德问题。背叛这东西，于情感中的任何一方而言，都是沉重而难排解的。倘若不是思想上的主观意愿和心灵上的背叛，或许还可以视具体情况得到谅解，这便是爱的力量。但那伤害却不会消弭，甚至如影随形煎熬我们一生。爱虽能包容一时，但受伤的心却不知能否如往昔般贴紧……可叹：早知如此，何必当初！切记，约束自己！这不仅是对爱人负责，也是对我们自己负责！

幸福就是别苛求

　　幸福是一种内心的满足感，是一种难以形容的甜美感受。它与金钱地位无关，只在于你是否拥有平和的内心、和谐的思想。
　　一个充满嫉妒想法的人是很难体会到幸福的，因为他的不幸和别人的幸福都会使他自己万分难受；一个虚荣心极强的人是很难体会到幸福的，因为他始终在满足别人的感受，从来不考虑真实的自我；一个贪婪的人是很难体会到幸福的，因为他的心灵一直都在追求，而根本不会去感受。
　　幸福是不能用金钱去购买的，它与单纯的享乐格格不入。比如你正在大学读书，每月只有七八十元钱生活费，生活相当清苦，但却十分幸福。过来人都知道，同学之间时常小聚，一瓶二锅头、一盘花生米、半斤猪头肉，就会有说有笑，彼此交流读书心得，畅谈理想抱负，那种幸福之感至今仍刻骨铭心，让人心驰神往。昔日的那种幸福，今天无论花多少钱都难以获得。

一群西装革履的人吃完鱼翅、鲍鱼笑眯眯地从五星级酒店里走出来时，他们的感觉可能是幸福的。而一群外地民工在路旁的小店里，就着几碟小菜，喝着啤酒，说说笑笑，你能说他们不幸福吗？

因此，幸福不能用金钱的多少去衡量，一个人很有钱，但不见得很幸福。因为，他或者正担心别人会暗地里算计他，或者为取得更多的名利而处心积虑。许多人全心全力追求金钱，认为有了钱就可以得到一切，事实证明，那只是傻子的想法。

其实，幸福并不仅仅是某种欲望的满足，有时欲望满足之后，体验到的反而是空虚和无聊，而内心没有嫉妒、虚荣和贪婪，才可能体验到真正的幸福。

湖北的一个小县城里，有这样一家人，父母都老了，他们有三个女儿，只有大女儿大学毕业有了工作，其余的两个女儿还都在上高中，家里除了大女儿的生活费可以自理外，其余人的生活压力都落在了父亲肩上。但这一家人每个人的感觉都是快乐的。晚饭后，父母一同出去散步，和邻居们拉家常，两个女儿则去学校上自习。到了节日，一家人团聚到一块儿，更是其乐融融。家里时常会传出孩子们的打闹声、笑声，邻居们都羡慕地说："你们家的几个闺女真听话，学习又好。"这时父母的眼里就满是幸福的笑。其实，在这个家里，经济负担很重，两个女儿马上就要考大学，需要一笔很大的开支。家里又没有一个男孩子做顶梁柱，但女儿们却能给父母带来快乐，也很孝敬。父母也为女儿们撑起了一片天空，让她们在飞出家门之前不会感受到任何凄风冷雨。所以，他们每个人都是快乐和幸福的。

一个人是否幸福不在于自己外在情况怎样，而在于内在的想法。如果你有积极的想法，即使是日常小事，你也会从中获得莫大的幸福；倘若你消极思考，那么任何事情都会让你感到痛苦。苏轼说：

"月有阴晴圆缺，人有悲欢离合，此事古难全。"既然"古难全"，为什么你不去想一想让自己快乐的事，而去想那些不快乐的事？一个人是否感觉幸福，关键在于自己的想法。对于我们的眼睛，不是缺少美，而是缺少发现。生活里有着许许多多的美好、许许多多的快乐，关键在于你能不能发现它。

如果今天早上你起床时身体健康，没有疾病，那么你比几百万的有病之人更幸运，因为他们中有的甚至看不到下周的太阳了；如果你从未尝试过战争的危险、牢狱的孤独、酷刑的折磨和饥饿的滋味，那么你的处境比其他五亿人更好；如果你能随便进出教堂或寺庙而没有被恐吓、暴行和杀害的危险，那么你比其他几十亿人更有运气；如果你在银行里有存款，钱包里有票子，盒里有零钱，那么你属于世上百分之八最幸运之人；如果你父母双全，没有离异，且同时满足上面的这些条件，那么你的确是那类很幸运的地球人。

"懒人"长寿

不知道大家还记不记得小时常唱的那首歌："随着年龄由小变大，他的烦恼增加了……"人生就是这样，年龄年复一年地增加着，压力也在日复一日地增加着，到了一定的岁数，我们多多少少都会为一些事情忧虑，其实细细想来谁没有忧虑呢？只是我们要放轻松，要学着将内心的重负抛开，还原本来属于自己的快乐。

人这一辈子，总是会遇到这样或那样的压力，有些压力可以成为我们前进的动力，而有些压力如果不能得到良好的排解，很有可能就会成为我们内心的重负。于是，不知什么时候，我们在忙碌之中忘记了天伦之乐；不知什么时候，我们因疲惫而丧失了朋友之乐；不知什么时候，我们开始因为忧虑无法排解而辗转难眠；不知什么时候，我们开始感慨时光的流逝，让相册里的一张张微笑的脸变成了曾经的记忆……

其实，面对生活我们没有必要过于悲观，面对压力和困难，我们首先要学会保持一颗从容淡定的心，乐观地面对人生中的一切。只有这样，我们才能抛开心中的重负，找回那个曾经快乐的自己。一个人快不快乐，完全取决于他面对人生的态度，有些时候是我们自己把眼前的重负看得过于强大了，而事实上，如果我们真的去勇敢地面对它，它就会现出原形，这时候我们才发现，它不过是一只纸老虎而已。

有的人说："真觉得很累，生活真没劲！刚毕业的时候，什么都没有，却很快乐。现在什么都有了，快乐却没了！"这句话说出了很多人的心声。生活就是这么矛盾，好像拥有的越多，心就越疲惫，既然如此，为什么不让自己生活得简单一点，让心自由一点呢？

这里所说的简单生活，应该有两个方面的含义。一个是我们可以利用简单的工具完成我们的工作。另一个就是我们的生活态度可以简单一些，可以单纯一些，主要是对物质的要求简单一些，就是像熊猫一样，有根竹子吃吃就足矣，而把更好的心情和体验留给大自然，留给自己的心性和自己真正想要的生活。

这个世界本来就是多极的，有人喜欢奢华而复杂的生活，有人喜欢简单甚至是返璞归真的生活。当人性中的浮躁逐渐被时间消解了的时候，人们似乎更喜欢简单的生活，这是一种趋势。

衣食住行一直是人们企图高度满足的四个方面。只是眼下无论在西方，还是在东方，总有一些人不仅对物质的要求变得简单，住简单而舒适的房子，开着简单而环保的车，而且处理现实的工作时，也在追逐简单而实用的方式，用现代科技带给现代人的简单工具，"修改"着自己的工作和生活。出门带着各种银行卡，走到哪里刷到哪里，揣着薄薄的笔记本电脑，走到哪里工作到哪里，甚至在厕所里也可以打开电脑处理一些日常工作，并从这些简单中得到无限的乐趣。

不过，人们为了追求简单的生活，往往会付出很大的代价。首先，是精神上或观念上的代价。中国改革开放30年来，一些人突然富有起来，但是富起来的人面对眼花缭乱的财富，就有点手足失措，有些人竭力去追求奢华，似乎想把过去贫困时期的历史欠账找回来。社会学家对这一时期"奢华"的解释是，中国人过去太穷了，"暴吃一顿"也算是一种心理补偿。每个正在发达的社会都会有这一阶段，就是暴发户被大量批发出来的阶段，是一个失去了很多理性的阶段。到了现在，社会理性逐渐恢复，人们对生活和消费也逐渐变得理性。追求简单的生活方式，就是一些为了格调而放弃奢华的人的重新选择。

另一个代价就是人们在技术上的投入代价。为了满足人们日益追求简单生活的需求，那些抓住一切机会创造财富的商人们都付出了极大的开发成本。如电脑厂商把电脑做得越来越小，这种薄小是需要付出较大研发成本的。

很多看起来简单的东西都是人们花费了很多心血折腾出来的，是这些人的心血让我们的生活变得简单而开阔。

节奏紧张的现代社会，各种各样的压力让人苦不堪言。像"我懒我快乐"、"人生得意须尽懒"等"新懒人"主张的出现，就一点不奇怪了。"新懒人主义"本着简洁的理念、率真的态度，从容面对生活，探究删繁就简、去芜存菁的生活与工作技巧。

一本《懒人长寿》的国外畅销书说，要想获得健康、成就与长久的能力，必须改变"不要懒惰"的想法，鉴于压力有害健康，应该鼓励人们放松、睡点懒觉、少吃一些等。其主要观点是，"懒惰乃节省生命能量之本"。这不但是养生观念，更是成功理念。

"我懒我快乐"的懒人哲学，即使无力改变这劳碌社会的不理智、不健康倾向，起码亮出了一份鲜明有个性的态度，懒人控制不了整个社会，却能控制自己的欲望。这正如古人所说："从静中观动物，向闲处看人忙，才得超凡脱俗的趣味；遇忙处会偷闲，处闹中能取静，便是安身立命的功夫。"

不要耗尽所有精力和热情

我国儒家经典《礼记》中记载了孔子这样一段话："张而不弛，文武弗能也；弛而不张，文武弗为也；一张一弛，文武之道也。"文、武，指周初贤君周文王、周武王。这段话是说：一直把弓弦拉得很紧而不松弛一下，这是周文王、周武王也无法办到的；相反，一直松弛而不紧张，那是周文王、周武王也不愿做的；只有有时紧张，有时放松，有劳有逸，宽严相济，这才是贤君周文王、周武王治国的办法。其实，治国如是，对待生活也应该是劳逸结合、张弛有度。

在我国东北地区的深山老林里，流传着这样一种说法：老虎是兽中之王，不过要论力气，它不如黑瞎子（狗熊）大。狗熊的生命力特别顽强，而且皮糙肉厚，一般的攻击根本伤不了它。可是山里面虎熊相斗，总是老虎得胜，为什么呢？

狗熊和老虎都是身高力大的猛兽，它们一旦打起来，就是几天几夜。老虎打累了、打饿了，或是战况不利，就会撤出战场，先到别处

| 四 人之所以痛苦，在于追求了错误的东西 |

捕猎吃。等到吃饱喝足，歇过劲儿来，回来再找狗熊打。狗熊就不一样了，一旦开打，就不吃、不喝、不休息，老虎跑了它就打扫战场，碗口粗的树连根拔出来扔到一边，等着老虎回来接着打。时间长了，狗熊终究有筋疲力尽的时候，所以最后总是老虎打败狗熊。

老虎和狗熊打架的故事告诉我们，做事情不能追求一竿子插到底，一口气把所有问题解决。不肯放松自己，在坚强上进的表面下，就会隐藏着偏执与自我压抑的危机，导致身心不健康。过于苛求自己的人，压力显然要比一般人大，内心显然要比一般人更焦虑，身心也就更容易不堪重负。这样的朋友应该有意识地给自己放放假，如果长期处在这种状态下，情绪得不到缓解，我们就很容易走上极端，不少人年纪轻轻就患上各种心身疾病，比如抑郁症等等，就是过于苛求自己的结果。

希望大家能够明白，人生是个漫长的旅程，是马拉松长跑而不是百米冲刺。唯有张弛有度，才能持之以恒，把热情和精力保持到最后。这就像我们吃饭，如果每顿饭只吃一样东西，那么再好吃也会令我们反胃；同理，如果神经一直紧绷着，就算是我们是铁人，也会有崩溃的一天。先贤们倡导的"持之以恒"、"坚持到底"，并不是要我们耗尽最后一分精力和热情，而是鼓励我们屡败屡战、锲而不舍。这其中的差别大家要想明白。

西谚有云："只工作，不玩耍，聪明杰克也变傻。"那种把工作当成一切、一直工作不放松的人，我们称他们为"工作狂"。工作狂之所以把自己完全泡在工作里，不是因为他们热爱工作，更不能表明他们很有毅力。事实正好相反，工作狂往往都是意志软弱的人。他们因为无法应付生活中的多种挑战，采取了逃避的办法，把自己埋在工作当中。所以，工作狂可能在工作上表现突出，但他们的生活却很少有能称心如意的。

真正有理智、有毅力的人，决不会是能抓紧而不能放松的人。他们有自信，所以能暂时放下心头的负担，去享受生活的乐趣；他们有智慧，懂得磨刀不误砍柴工的道理；他们有毅力，放松但不放纵。他们在奋斗拼搏和放松享受之间出入自由，游刃有余。

　　我们建议大家适当放松一下，并不是要否认紧张工作，而是要让大家在奔波疲惫之余能有个喘息的机会，静下来享受生活。有些朋友把人生目标树立得很高，希望功成名就，成为站立在金字塔尖上的人。可是，塔尖的容量是有限的，少数人的成功是建立在多数人的默默无闻之上的。于是，不免要伤心、要失落。其实细想想，这又何必呢？不能成为第一，就坦然充当第二；不能爬到金字塔尖上，不妨就在塔中央看看风景。这也是不错的选择。

是什么始终不能让我满意

　　"虚荣心很难说是一种恶行，然而一切恶行都围绕虚荣心而生，都不过是满足虚荣心的手段。"

　　虚荣心理是指一个人借用外在的、表面的或他人的荣光来弥补自己内在的、实质的不足，以赢得别人和社会的注意与尊重。它是一种很复杂的心理现象，与自尊心有极大的关系，但也不能说，虚荣心强的人一般自尊心强。因为自尊心同虚荣心既有联系，更有区别，虚荣心实际上是一种扭曲了的自尊心。人是需要荣誉的，也该以拥有荣誉而自豪。可是真正的荣誉，应该是真实的，而不是虚假的，应该是经过自己努力获得的，而不是投机取巧取得的。面对荣誉，应该是谦逊谨慎，不断进取，而不是沾沾自喜，忘乎所以。可见，当人对自尊心缺乏正确的认识时，才会让虚荣心缠身。

曾看到这样一个故事：

男人和女人是大学同学，在学校时是大家公认的金童玉女，毕业后，顺理成章地结成了百年之好。那时，当同学们都在为工作发愁时，男人就已经直接被推荐到一家公司做设计工程师，女人也因此自豪着。

结婚5年后，他们要了宝宝，生活步入稳定的轨道，简单平静，不失幸福。然而，一次同学聚会彻底搅乱了女人的心。

那次聚会，男人们都在炫耀着自己的事业，女人们都在攀比着自己的丈夫，站在同学们中间，女人猛然发现，原本那么出众的他们如今却显得如此普通，那些曾经学习和姿色都不如自己的女同学都一身名牌，提着昂贵的手提包，仪态万千，风姿绰约。而那些曾经被老公远远甩在后面，不学无术的男同学，现在居然都是一副春风得意的样子。

回家的路上，女人一直没有说话，男人开玩笑说："那个小子，当初还真小看他了，一个打架当科的小混混，现在居然能混成这样，不过你看他，真的有点小人得志的样子。"

"人家是小人得志，但是人家得志了，你是什么？原地踏步？有什么资格笑话别人？"

男人察觉出了女人的冷嘲热讽，但并未生气："怎么了？后悔了？要是当初跟着他现在也成富婆了是吗？"

一句话激怒了本就不开心的女人："是，我是后悔了，跟着你这个不长进的男人，我才这么的处处不如人。"

男人只当做女人是虚荣心作怪，被今天聚会上那些女同学刺激了，未避免吵起来，便不再作声。

一夜无话，第二天就各自上班了，男人觉得女人也平复了，不再放在心上，可是此后他却发现，女人真的变了，总是时不时地对他讽刺挖苦：

　　"能在一个公司待那么久，你也太安于现状了吧？"

　　"干了那么久了，也没什么长进，还不如辞职，出去折腾折腾呢？"

　　"哎，也不知道现在过的什么日子，想买件像样的衣服，都得寻思半天的价格，谁让咱有个不争气的老公呢！"

　　在女人的不断督促下，那人终于下决心"折腾折腾"。他买了一辆北京现代，白天上班，晚上拉黑活，以满足女人不断膨胀的物质需求。女人的脸上也渐渐有了些笑模样。

　　那天，本来二人约好晚上要去看望女人的父亲，可左等右等男人就是不回来。女人正在气头上，收到了男人发来的信息："对不起老婆，始终不能让你满意。"女人看着，想着肯定是女人道歉的短信，她躺着，回想着这些年在一起的生活，想到男人对自己的关心和宽容，想着他们现在的生活，虽然平凡一点，但是也不失幸福，想着自己也许真的被虚荣冲昏了头了，想着想着便睡着了。第二天早上，睁开眼的女人发现，丈夫竟然彻夜未归，她大怒，正准备打电话过去质问，电话铃声却突然响了。

　　电话那头说他们是交通事故科的，女人听着听着，感觉眼前的世界越来越飘渺，她的身体不停的抖着，卷缩成一团。

　　原来，那天晚上，男人拉了一个急着出城的客人，男人一般不会出城，但因为对方给的价格太诱人，就答应了，回来的路上，他被一辆货车追尾，最后一刻男人给女人发了一条信息"老婆对不起，始终不能让你满意"。

　　太平间里，女人的心抽搐着，可是无论多么痛苦，无论多么懊悔，无论多么自责，都已经唤不醒"沉睡"的男人。她一遍遍地责问自己："为什么要责骂,为什么要逼迫,为什么不能珍惜眼前所拥有的?为什么要用虚荣为生命买单?"

这就是虚荣心,是一种被扭曲了的自尊心。虚荣心理的危害是显而易见的。其一是妨碍道德品质的优化,不自觉地会有自私、虚伪、欺骗等不良行为表现;其二是盲目自满、故步自封,缺乏自知之明,阻碍进步成长;其三是导致情感的畸变。由于虚荣给人以沉重的心理负担,需求多且高,自身条件和现实生活都不可能使虚荣心得到满足,因此,怨天尤人、愤懑压抑等负性情感逐渐滋生、积累,最终导致情感的畸变和人格的变态。严重的虚荣心不仅会影响学习、进步和人际关系,而且对人的心理、生理的正常发育,都会造成极大的危害。

所以,我们必须制止虚荣心的泛滥,还给心灵一片宁静。给大家提两点建议:

1. 调整心理需要

人的一生就是在不断满足需要中度过的。不过,在某些时期或某种条件下,有些需要是合理的,有些需要是不合理的。要学会知足常乐,多思所得,以实现自我的心理平衡。

2.. 摆脱从众的心理困境

从众行为既有积极的一面,也有消极的另一面。对社会上的一种良好时尚,就要大力宣传,使人们感到有一种无形的压力,从而发生从众所为。如果社会上的一些歪风邪气、不正之风任其泛滥,也会造成一种压力,使一些意志薄弱者随波逐流。虚荣心理可以说正是从众行为的消极作用所带来的恶化和扩展。例如,社会上流行吃喝讲排场,住房讲宽敞,玩乐讲高档。在生活方式上落伍的人为免遭他人讥讽,便不顾自己的客观实际,盲目跟风,打肿脸充胖子,弄得劳民伤财,负债累累,这完全是一种自欺欺人的做法。所以要有清醒的头脑，面对现实，实事求是，从自己的实际出发去处理问题，摆脱从众心理的负面效应。

客观地说，一个有着正常思维的人，都会有虚荣心，适度的虚荣心可以催人奋进，关键是看你的心态。成熟的人应该让虚荣心成为一种前进的动力，不要让它盲目膨胀，并为此付出惨重代价。

五

当我们放下那些贪念，就能获得更大的快乐

欲望像是一个恶作剧的小孩，他靠近你，戏弄你，诱惑你，与此同时也满足你，让你感到无法拒绝，让你永远也走不出这场游戏，而事实上，赢的只能是它。

金钱会腐蚀心灵的色泽

面对金钱，人们往往会呈现出两种状态，一种是极度吝啬，一如葛朗台；一种是嫉妒贪婪，就像很多人……不论你是吝啬还是贪婪的人，一起去看看下面这个故事吧，它会让我们收到很大的触动。

有只饥饿的蚂蚁寻了大半天食却一无所获，临近黄昏时，它爬到了一头死牛身上。

可它不知道那是可以吃的死牛，它把死牛当作了一座山，把牛毛当作了山草。

"这山上看来是找不到可以吃的东西了。"天黑下来时，它绝望地想。这时，它已经饿得爬不动了。

它伏在牛身上喘息，这一伏竟再也没有起来，它饿死了。

还有一只更不幸的蚂蚁。它是与前一只蚂蚁同时发现死牛的，它凑巧爬进了牛的嘴里，牛嘴里烂了一块，它一进去便发现了这座山是可以食用的佳肴。于是，它疯狂地啃咬。啃啊咬啊，它实在不想停下来，因为它曾经饿怕了。

最后，它的肚皮撑破了，血流不止，和前一只蚂蚁一样，也死了。

守着食却被饿死，是悲观者的死亡。

害怕饥饿而胀死，是贪婪者的死亡。在我们这个社会，两种死亡到处可见。

许多人在贫穷的时候也许对金钱的概念并不是很清晰。然而，当他突然面对大量金钱时，心灵也就很容易扭曲，这种人外表看来光鲜夺目，事实上已经成为金钱的牺牲品，心灵原有的色泽已被金钱掩盖、腐蚀。所以，他们的最终结局只会是被贪欲所累，悔恨难当。

如果我们固执地坚持自己的利益，只会出现粗暴和不平衡的解决方法，从而引发不可逆转的分裂。我们应该充分意识到，倘若一味地相互敌对和伤害，就一定什么也得不到，只有各退一步，才能达成共赢的局面。

有一对即将结婚的未婚夫妻，很高兴地大喊大叫、相互拥抱，因为他们中了一张"高额彩券"，奖金是10万美金。

可是，这对马上要结婚的新人，在中奖后不久就为了"谁该拥有这笔意外之财"而闹翻了，两人大吵一架，并不惜撕破脸闹上法庭。为什么呢？因为这张彩券当时是握在未婚妻的手中，但是未婚夫则气愤地告诉法官："那张彩券是我买的，后来她把彩券放入她的皮包内，但我也没说什么，因为她是我的未婚妻嘛！可是，她竟然这么无耻、不要脸，居然敢说彩券是她的，是她买的！"

这对未婚夫妻在公堂上大声吵闹，各说各话，丝毫不妥协、不让步，让法官伤透脑筋。最后，法官下令，在尚未确定"谁是谁非"之时，发行彩券的单位暂时不准发出这笔奖金！而两位原本马上要结婚的佳偶，因争夺奖券的归属而变成怨偶，双方也决定取消婚约。

有人说："结婚，经常不是为了钱；离婚，却经常是为了钱！"

的确，人的私心、贪婪、嫉妒，常使人跌倒，重重地跌在自己"恶念"的祸害里。

事实上，我们所拥有的，并不是太少，而是欲望太多；欲望太多的结果，就是使自己不满足、不知足，甚至憎恨别人所拥有的，或嫉妒别人比我们更多，以致心里产生忧愁、愤怒和不平衡。口袋里缺钱的人不是真的贫穷，心里缺钱的人才是真的贫穷。

有钱固然好，但是大量的财富却是桎梏

"钱"这东西，原本就只是生活中的一件工具而已！可是，随着现代人价值观的改变，慢慢地，它已经"咸鱼翻了身"！它掌握了主动权，它甚至它可以改变一个人的选择、一个人的一生！坊间流传着一句话："钱不是万能的，但没钱是万万不能的！"我们看看，这句话的前半句只用了一个"万"字，后半句却是一个叠词："万万"，足以见得"钱"在人们心中的分量有多重。更可悲的是，若照此发展下去，恐怕我们亦要将前半句中的那个"不"字抹去了！

这样的人，我们能说他富有吗？或许他们的外表很光鲜，但他们的心灵无疑是贫瘠的。他们自以为拥有财富，其实是被财富所拥有。这不能怪罪于金钱，钱不是罪恶的根源，向往富足的生活也无可厚非，我们之中又有谁不希望自己吃得好、穿得好、住得好呢？但这种欲望应该有个限度，你不能得陇望蜀，一山望着一山高，心里就只装着"金钱"二字，这未免太过贪婪。说到底，还是我们的"心"变质了！换而言之，让我们吃不香、睡不着，不快乐的，并不是金钱，而是我们那颗装满金钱的心，你不把它掏空，给生命中更有价值的东西腾出地方，那么你就永远也无法感悟到人生的真谛。

我们应该做金钱的主人，而不是做它的奴隶，不要被它所束缚！其实钱这个东西，只有在使用时才会产生它的价值，假如放着不用，它就根本毫无意义可言。你如果看不明白这一点，一股脑地钻进钱眼里，那就等于把自己的人生卖给了金钱，从此一切以它马首是瞻，其

| 五　当我们放下那些贪念，就能获得更大的快乐 |

它尽可抛弃，那么到了最后，你或许就要抱着钞票孤独终老了。

是的，生活需要金钱，但除此以外我们需要的更多，有了金钱也许能够让我们得到很多，包括感情、包括快乐……但它们未必真实，它们或许就只是金钱力量感召下出现的一种形式，长久不得。如果说，你本来在其它方面已很富足，唯独在金钱方面差了那么一点点，那么你可以去争取，但不要拿它们去换取，这是本末倒置，根本不值！那样一来，金钱将不会再为我们服务，而是我们听从它的使唤！

曾看到这样一个故事，很有趣，也很有寓意，在这里与大家分享一下：

故事说很久以前有一个财主，生意做得特别大，每日算计、操心，有很多烦恼。挨着他家的高墙外面，住了一户很穷的人家，夫妻俩以做烧饼为生，却有说有笑，幸福美满。

财主的太太心生嫉妒，说："我们还不如隔壁卖烧饼的两口子，他们尽管穷，却活得非常快乐。"财主听了嗤之以鼻："这很容易，我让他们明天就笑不出来。"说着，他取来一锭重五十两的金元宝，从墙头扔了过去。隔壁那夫妻俩突然发现地上不明不白地放着一个金元宝，心情立即大变。

第二天，夫妻俩商议，如今发财了，不想再卖烧饼了，那干点什么好呢？一下子发财了，又担心被别人误认为是偷来的。夫妻俩商量了三天三夜，还是找不到最好的办法，觉也睡不安稳，当然也就听不到他们的说笑声了。

财主对他的太太说："看！他们不说笑了吧？办法就是这么简单。"

金钱永远只能是金钱，而不是快乐，更不是幸福。如果我们的双眼只盯着金钱，我们很容易就会掉落到金钱设置好的陷阱之中，所以，对于金钱的欲望，我们必须小心控制。诚然，在生活中，没有钱什么事也不好办，但如果有了钱而不去合理地花销，也是一文不值。像故事中的那对夫妻，在庆幸得到金子的同时，失去了生活中原有的快乐，这不就是本末倒置吗？由此可见，真正的快乐与金钱无关！其实，对于真正享受生活的人来说，任何不需要的东西都是多余的，他们不会让自己去背负这样一个沉重的包袱。而我们，如果想要活得健康一点儿、自在一点儿，任何多余的东西也都必须舍弃。金钱对某些人来说，可能很重要，但对于懂生活的人来说，一点也不重要，因为它不可能买到世间的一切。

　　要知道，幸福和快乐原本是精神的产物，期待通过增加物质财富而获得它们，岂不是缘木求鱼？当我们为了拥有一辆漂亮小汽车、一幢豪华别墅而加班加点地拼命工作，每天半夜三更才拖着疲惫的身体回到家里；为了涨一次工资，不得不默默忍受上司苛刻的指责，日复一日地赔尽笑脸；为了签更多的合同，年复一年日复一日地戴上面具，强颜欢笑……以至于最后回到家里的是一个孤独苍白的自己，长此以往，终将不胜负荷，最后悲怆地倒在医院病床上的，一定是一个百病缠身的自己。此时此刻，我们应该问问自己：金钱真的那么重要吗？有些人的钱只有两样用途：壮年时用来买饭，暮年时用来买药。所以说，人生苦短，不要总是把自己当成赚钱的机器。一生为赚钱而活是何其悲哀！我们活着，若想自在些，就要把钱财看淡些，不要一味地去追求享受。在我们用双手创造财富的同时，不妨多一点休闲的念头，不要忘了自己的业余爱好，不妨每天花点时间与家人一起去看场电影，去散散步，去郊游一次……如果这样，生活将会变得丰富多彩，富有情趣；心灵会变得轻松惬意，自由舒畅；生命会变得活力无限。

　　有钱固然是好，但是大量的财富却是桎梏。如果你认为金钱是万能的，你很快就会发现自己已经陷入痛苦之中。我们应该把自己放在生活主人的位置上，让自己成为一个真正的、完善的人，让幸福快乐长久地洋溢在心间。

不幸福是因为不知足

知足常乐，任谁都能读懂的四个字，可是真做起来却真不容易！大千世界、芸芸众生，我们之中又有几人能够悟透这种境界？在这浮躁的社会中，浮躁的我们往往很难按捺住那颗浮躁的心，于是我们不断地去争、去取、去掠、去夺，然而，成功和满足却依旧离我们那样遥远。即便真的很困、很累、很疲倦，但我们却从不肯让自己歇息片刻，而这一切只是为了满足心中无止境的欲望。殊不知，凡事没有最好，只有更好，我们若是得陇望蜀，那么就永远也无法获得满足。

相信大家也知道这样不好，但或许我们真的是想不开，不知道怎样让自己释怀，其实很简单——让自己的心淡然一些，就像古希腊那位大哲学家苏格拉底那样。

苏格拉底还是单身时，曾和几个朋友挤在一间只有七八平方米的房子里，但他却总是乐呵呵的。有人问他？"和那么多人挤在一起，连转个身都困难，有什么可高兴的？"

苏格拉底回答："朋友们在一起，随时都可以交流思想，交流感情，难道不是值得高兴的事情吗？"

过了一段时间，朋友们都成了家，先后搬了出去。屋子里只剩下苏格拉底一个人，但他仍然很快乐。那人又问："现在的你，一个人孤孤单单，还有什么好高兴的？"

苏格拉底又说:"我有很多书啊,一本书就是一位老师,和这么多老师在一起,我时时刻刻都可以向他们请教,这怎么不令人高兴呢?"

几年以后,苏格拉底也成了家,搬进了七层高的大楼里,但他的家在最底层,底层的境况非常差,既不安静,也不安全,还不卫生。那人见苏格拉底还是一副乐融融的样子,便问:"你住这样的房子还快乐吗?"

苏格拉底说:"你不知道一楼有多好啊!比如,进门就是家,搬东西方便,朋友来玩也方便,还可以在空地上养花种草,底层很多乐趣呀,只可意会,无法言传"

又过了一年,苏格拉底把底层的房子让给了一位朋友,因为这位朋友家里有一位偏瘫的老人,上下楼不方便,而他则搬到了楼房的最高层。苏格拉底每天依然快快乐乐。那人又问他:"先生,住七楼又有哪些好处呢?"

苏格拉底说:"好处多着呢!比如说吧,每天上下几次,这是很好的锻炼,有利于身体健康;光线好,看书写字不伤眼睛,没有人在头顶干扰,白天黑夜都非常安静。"

你看,若我们都能像苏格拉底这样想,那世间还有什么事能烦到我们?其实,知足无非是在一念之间,当我们得到了生命中的正常所需,我们感到满足,那么快乐会随之而来;相反,倘若我们所求过多,我们永远不肯停止索求的脚步,那么我们将很难感受到快乐。一个快乐的人未必要多富有、多有权势,快乐的理由很简单——懂得知足。知足会让我们的生活变得更加简约,会为我们卸去那些不必要的负担,开阔我们的视野、放松我们的身心,使我们活出真正的自己、享受真实的自己,从而过上轻松写意的生活。

其实,布衣茶饭也可乐终身。人生在世,贵在懂得知足常乐,我们要持有一颗豁达、开朗、平淡的心，在缤纷多变、物欲横流的生活中，拒绝各种诱惑，让心境变得恬适，生活自然也就愉悦了。而之前我们之所以烦恼重重，就在于不知足，整天在欲望的驱使下，忙忙碌碌地为着自己所谓的"幸福"追逐、焦灼、勾心斗角……结果却并非所想。其实人生短短数十载，真的没有必要给自己的心灵增加太多的负担。

人生的价值

自然界的沧桑陵谷、沧海桑田，万物的生老病死，冥冥中自有注定，一切尽在生住异灭之中。你看那果子似未动，实则时刻皆在腐朽之中。名利，地位，金钱，莫不如是。既如此，我们又何必为物欲所累，惶惶不可终日呢？须知，纵使金银砌满楼，死去何曾带一文？

为人，应淡看富与贵。要知道，有所求的乐，如腰缠万贯、乃至一国之尊的富贵，是混沌和短暂的；无所求的乐，即"身心自由无欲求"的富贵心态，才是一种纯粹和永恒的乐。人生中真正有价值的，是拥有一颗开放的心，有勇气从不同的角度衡量自己的生活。那样，你的生命才会不断更新，你的每一天都会充满惊喜。

人生的价值究竟应怎样诠释？相信每个人心中都有一个答案。但事实上，金钱绝不是衡量人生的标准，为金钱而活只是愚人的行径，智者追求的财富除了金钱以外，还会包括健康、青春、智慧等等……

一位老人在小河边遇见一位青年。

青年唉声叹气，满脸愁云惨雾。

"年轻人，你为什么如此郁郁不乐呢？"老人关心地问道。

青年看了老人一眼，叹气道：

"我是一个名副其实的穷光蛋。我没有房子，没有老婆，更没有孩子；我也没有工作，没有收入，饥一顿饱一顿地度日。老人家，像我这样一无所有的人，怎么会高兴得起来呢？"

"傻孩子！"老人笑道，"其实你不该心灰意冷，你还是很富有的！"

"您说什么？"青年不解。

"其实，你是一个百万富翁呢。"老人有点儿诡秘地说。

"百万富翁？老人家，您别拿我这穷光蛋寻开心了。"青年有些不高兴，转身欲走。

"我怎么会拿你寻开心呢？现在，你回答我几个问题。"

"什么问题？"青年有点好奇。

"假如，我用20万元买走你的健康，你愿意吗？"

"不愿意。"青年摇摇头。

"假如，现在我再出20万，买走你的青春，让你从此变成一个小老头儿，你愿意么？"

"当然不愿意！"青年干脆地回答。

"假如，我再出20万元，买走你的容貌，让你从此变成一个丑八怪，你可愿意？"

"不愿意！当然不愿意！"青年头摇得像个拨浪鼓。

"假如，我再出20万，买走你的智慧，让你从此浑浑噩噩，了此一生，你可愿意？"

"傻瓜才愿意！"青年一扭头，又想走开。

"别急，请回答我最后一个问题，假如我再出20万，让你去杀人放火，让你失去良知，你愿意吗？"

"天啊！干这种缺德事，魔鬼才愿意！"青年愤愤然。

"好了，刚才我已经开价100万，却仍买不走你身上的任何东西，你说，你不是百万富翁，又是什么？"老人微笑着问。

青年恍然大悟，他笑着谢过老人的指点，向远方走去。

从此，他不再叹息，不再忧郁，微笑着寻找他的新生活。

试问，如果有人出价100万，要买走你的健康、你的青春、你的人格、你的尊严、你的爱情……你愿意吗？相信你一定会断然拒绝。如此说来，我们都是很富有的呢！

是的！此时的我们都是富人，因为我们已经意识到，物质上的富有只是一种狭隘、虚浮的富有，而心灵上的富足，才是真正的富有。人生的真正价值应在于，你能否利用有限的精力，为这世界创造无限的价值。一如露珠，若在阳光下蒸发，它只能成为水汽；若能滋润其它生命，它的价值就得到了升华，这才是真正的价值所在！

泛滥成灾的欲望，往往会将一个人毁灭

如果说我们为欲望所控制，那么秉性就会变得懦弱，我们可能会屈服于欲望，违心去做一些本不该做的事情。

曾听过这样一件轶事，说是某晚在一家星级酒店，几个酒足饭饱打着嗝的老板侃侃而谈，其中一人对众人炫耀道："我一个电话，就能把某某叫来！"说完，他拍着胸脯与众人打赌："我电话过去，如果他不来，明晚我请客。如果他来了，你们请我。"说完，这位老板掏出了手机，一个电话打了过去。片刻之后，某某出现在该酒店……

的确如此,"受人施者常畏人,与人者常骄人",这与老百姓常说的"吃人家的嘴短,拿人家的手短"是一个道理,我们平白接受了别人的好处,难免就要去迎合别人的意志,导致自己在对方面前时时处于被动地位。而施予者,往往不会白给白送,总是带着一定的目的性,因而奉劝大家,在无端送来的好处面前,请控制住自己的欲望,否则就会像那位匆匆赶来的某某长一样,如同受人摆布的提线木偶,没有了灵魂、没有了尊严、没有了气节,被人牵着鼻子走。

说到这里,不禁让人想起热播剧《蜗居》中的宋思明。宋思明是一个颇有才能的人物,他从山村走出,通过个人努力登上高位,可以说他的前半生非常成功。只是,他最终没有抵制住诱惑,拿了不该拿的东西,也爱了不该爱的人,逐渐沉沦,亲手毁掉了来之不易的一切。在剧中,宋思明有这样一段人生感悟,他说:"关系这个东西啊,你就得常动。越动呢就越牵扯不清,越牵扯不清你就烂在锅里。要总是能分得清你我他,生分了。每一次,你都得花时间去摆平,要的就是经常欠。欠多了也就不愁了,他替你办一件是办,办十件还是办啊。等办到最后,他一见到你头就疼,那你就赢了,要风得风,要雨得雨。"这足以让我们引以为戒,其实有些时候,别人之所以对我们慷慨,完全是因为他们谋划着要从我们身上得到更多。而我们之中的一些人最终落入陷阱,根本的原因就是没有控制好自己的欲望。

事实上,欲是人的一种生活本能,人活于世,必然会有各种各样的欲望,从某种意义上说,欲望也是促使人上进的一种动力。所谓"无欲则刚",并不是要我们彻底压抑欲望,而是要有尺度地克制。人一旦能够克制住私欲,就能清心寡欲,淡泊守志;能够克制住私欲,就能刚锋永在,清节长存。相反,欲望过度,就会心生贪念。人一但与这个"贪"字挂钩,必然欲壑难填,攫求无已,最终导致纵欲成灾。

家有房屋千万座，睡觉只需三尺宽；家有衣物千万件，死后不能件件穿。很多东西，我们真的不必再追求，很多东西我们拥有的已足够。欲望太盛，往往是害人又害己。当我们为满足贪欲而折腰时，事实上已经没有了灵魂。我们为人、做官，很有必要让自己的心淡然一些，因为唯有寡欲，我们才能在物、利、色面前保持足够的清醒，头不昏、眼不花、心不乱，大大方方、顶天立地的做人。

遗憾的是，很多人还是太执着，多数人总是看不透，于是沉迷在功名利禄之中，身心俱惫、无法自拔。须知，境由心生，欲望太多，人便会受控于此，在欲望中折腾沉浮，无所不用其极，致使人生逐步踏入歧途，心灵亦因此被折磨的千疮百孔，最终留下的或许只有悔恨和遗憾。

正所谓"人心不足蛇吞象"，古往今来，多少人因为欲望沟壑难填，而弃礼义廉耻、恩情道义于不顾，不择手段地索取，最终身败名裂甚至踏上黄泉，这难道还不足以让我们所有警醒呢？权欲、官欲、钱欲、色欲等等，泛滥成灾的欲望往往是将一个人彻底毁灭的主要原因。但客观一点说，要做到无欲无求，真的是在强人所难。一般而言，一个人很难真正做到刚毅不屈，无私正直，其原因就在于心中还有私欲，而私欲又是人的一种本性。这种矛盾几乎存在于每一个渴望成就一番事业的人身上，因此，对于他们来说，用正直来压制私欲的过程就几乎成了奋斗的大部分内容。其实，不仅仅是名人志士需要如此，我们每个人都应该尽可能地去控制自己心中的欲望，令其守恒在一个合理的尺度上，因为欲望一旦多了、大了，势必会生贪心，贪心一生则心窍易迷，终至纵欲成灾。而少了世俗的欲望，人才能变得愈发刚直，活得才能越发主动。

心 病

生命的悲哀不在于贫穷，而在于贫穷时所表露的卑微，在于因为物质而变得无知，从而失去存在的价值感和方向感。所以，我们要随时检点自己的心灵，找到灵魂深处的闪光之处，别让它的灵光为物质所蒙蔽。

生活中常见有些人：过去穷的时候，看见富人便心里泛酸，乃至对于富人阶层或富人个体的致富手段的合法性、依法纳税等操守，一直持有怀疑和否定的态度；而一旦自己有了钱或者突然发了财，又变成了另一幅嘴脸，可能是趾高气昂，可能是耀武扬威，也可能是患得患失……这种人，真的是把金钱看得太重了，以至于认为金钱就是衡量一切的标准，心态已经到了严重失衡的地步。

赵本山老师曾在2003年春晚通过小品《心病》，深刻讽刺了物质水平提升后现代人的心理问题，当时我们捧腹大笑，感到十分滑稽。但就是这种滑稽的事情，在现实生活中也时有发生。

据《杨子晚报》报道，江苏宿迁一位李姓男士花2元钱买福利彩票，中了1254万元的大奖。因为过度紧张，他竟三天三夜不吃不喝不眠，还吓得去医院输了三天液。领奖时，他浑身颤抖，藏有中奖彩票的塑料袋密封条居然多次无法打开，甚至无法在完税单签上自己的名字。

当意外之财到来时，他欣喜之余有了更多的担忧，彩票不计名、不挂失，存放彩票就成了大问题，彩票被他先后藏在家中的鞋柜、橱柜、冰箱、抽屉、衣柜、书橱等地,而且不停地变换。这位先生到了南京住进宾馆以后,如何保管彩票又让他烦恼无比,于是出现了让人无法理解的一幕:他去钟表店买了10个密封钟表零件的防水塑料袋,给中奖彩票穿上了6层"保护衣",确认完全防水以后,将彩票放进了抽水马桶里面,还每隔10分钟再去查看一次彩票的安全。直到领奖时,他还是不放心,对工作人员说:"你们一定要保密啊,一定要保证我的安全!"

买彩票中奖的概率本来就低,而中1254万元的大奖更是微乎其微。这位先生本来就不是一个富有的人,财富来得太突然,不仅没有带来欣喜,反而成为精神上的巨大负担。

中奖后的李先生几乎疯掉,这"天大的惊喜"他也不敢告诉妻子,"因为她有心脏病,怕太激动会出事。"有了自己的"深刻教训",李先生说自己先告诉妻子中了50万元,让她高兴一阵子后,再交出50万元,直到完全接受中大奖的事实。

李先生夫妇的事让人看了难免想笑,但笑过之后我们不妨客观地问问自己:倘若让"我"遇到了这等好事,又会怎样?会不会像《心病》中赵本山饰演的赵大宝一样,表面上对物质持一种超然的态度,实际上看得比人家还重?

我们一再强调,财富这东西需要有,但不能为之癫狂,就是提醒大家在金钱面前保持一种淡定的姿态,你淡定了,就不会为它左右,做出种种滑稽甚至是糊涂的事来。

的确,在我们今天的这个社会里,要冷静而坦然地面对身边的名利确实很难,一般人都无法在心理上达到平衡。其实,与充斥铜臭气味的生活相比,平淡清贫不存在真正意义上的缺失和悬殊。在俄国诗人涅克拉索夫的长诗《在俄罗斯,谁能幸福和快乐》中,诗人找遍俄罗斯,最终找到的快乐人,竟是枕锄瞌睡的普通农夫。是的,这位农夫有强壮的身体，能吃、能喝、能睡，从他打瞌睡的倦态以及打呼噜的声音中，流露出由衷的开心和自在。这位农夫为什么能如此开心？因为他不为金钱所累，把生活的标准定得很低。可见，"一个人快乐与否，绝不依据获得了或是丧失了什么，而只能在于自身感觉怎样。"

有些时候，财富来得太容易、太快，的确会令我们在思想上准备不足，导致我们背上沉重的负担，甚至像范进中举一样一下子就癫了，这种情况下，幸福是遥不可及的。

所以说，从现在开始，我们应该更多地去追求内在的东西、精神上东西，在精神上多丰富内心的生活，这才是幸福的源泉。外在的东西可能是构成幸福的某种条件，但也仅仅是条件而已，它可以对我们的幸福有所帮助，但必须通过精神幸福才能转变。那么，我们又何必把物质看得太重？这不是本末倒置吗？

六

丝毫必争不如通达相让，懂得低头才能安然若定

　　鹬鹰落下了伤心的泪，叫一声河蚌儿要你听言：早知道落在了渔人手，倒不如你归大海我上高山。你归大海饮天水，我上高山乐安然。

快意时，须早回首

《菜根谭》中说："恩里由来生害，故快意时，须早回首"。这是在告诉我们：人在得到恩惠时往往会招来祸害，所以在得心快意时要想到早点回头。

得意时早回头，这是先贤们根据长期生活积累而得出的经验之谈，其人生含义很深。在王权至高无上的封建王朝时期，很多智冠天下的重臣都会选择"功成身退"，对历史或是权术有所了解的人很清楚，这是因为他们害怕"功高震主身危"！当然，如今我们处在一个和谐的社会，没那么多权利争斗，也不至于产生如此严重的后果，但是，"得意时早回首"这句箴言对于我们经营人生而言，仍然具有非常重要的警示意义。因为，凡事做得太过，风头太健，力量用到极点，往往会令我们失去回旋的余地，因而也就不能转过身来保护自己。人生得意之时，我们务必要保持冷静、理智的大脑，倘若太过疏狂，难免要引火烧身，得意之情太过，即便是身边至亲之人，也会心生反感的。人在失意以后还要遭受罪责，这都是在得意之时埋下的祸根，是故我们不能不时时谨慎小心。

在生活中，如果说某位朋友感觉自己有一点盛气凌人的嫌疑，那么以下几点我们真的需要注意了！

1. 得意时，也要顾及他人感受，莫忘形

无论我们拥有怎样的资本，都没炫耀、显露的必要。咱们做人还是含蓄、低调一点好，切不要锋芒毕露。要知道，锋芒在彰显我们个人才华的同时，很容易刺伤身边的人，燃起他们的嫉妒心理，这岂不是自找苦吃？会为人者，应懂得锋芒内敛，韬光养晦，以免成为众矢之的。

2．穷寇莫追，留一份余地

就算我们有能力将别人置之死地，也不要太绝，太狠，让人一活路，才能留己一财路。你要知道，兔子急了还咬人呢！兔子本是温顺的动物，它为什么要咬人？因为你把它逼上了绝路，它不得不孤注一掷！兵法上说：穷寇莫追！讲的也是这个道理，穷寇一追，便做困兽斗，不是你死就是我亡，会给我们造成不必要的伤害。我们做人做事但凡能懂得这个常识，不恃强骄横，给人家留下一条活路，自己也将受益无穷。生活中有些朋友就是霸气过了头，偏偏喜欢落井下石、斩尽杀绝，结果呢，非但没把对手置之死地不说，反而自己的路也越走越窄。

有一位做贸易生意的朋友，经商颇有几分手腕，短短几年内便运用"大鱼吃小鱼"的策略，吞并了当地十数家具有一定规模的同行业企业，组建了一个形成局部垄断的大集团。他最常挂在嘴边的话就是"无毒不丈夫"，出手毒辣，不留余地，所以扩张的非常快。

也因如此，他得罪了很多人，尤其是那些失去当前财路、又没有机会另寻生路的人，更是对他恨之入骨。于是，就在他的公司蒸蒸日上、名声达到顶峰之时，那些被他逼入穷巷的对手联合起来，竭力收集他经商中违规操作的证据，举报给经侦部门。这个霸道十足的商业帝国，就这样顷刻间轰然坍塌。

遗憾的是，我们之中有很多人就是想不明白个中道理，于是在得意之时，就会将压抑已久的张狂、独断与专横暴漏出来，亦有可能会得寸进尺、欲求更多，因而趾高气昂、指手画脚、盛气凌人，或是逆势而行，完全一副"当今天下，谁能挡我"的架势，骄横而不可一世。而这样的人，到头来会有好的结局吗？肯定不会！

人啊，往往因为壮大，便开始滋生自负、自满的情绪，于是心里除了自己也就没有谁了。而危险，多半就潜藏在我们那颗盛气凌人的心中，在我们仰天大笑、疏于防范之时突然出现，令我们防不胜防。所以，无论现状有多好，我们时时都要具有忧患意识。只有居安思危，做好迎战噩运到来的思想准备，才能使"盈满"的状态保持长久，一旦危机来临，也不会措手不及。

张狂骄傲、不可一世会让我们的人生迷失方向。当我们"煮酒论英雄"之时，可曾想过"山外青山楼外楼"的道理？是否明白我们只是芸芸众生中的一粒微尘？就此而言，我们是不是更该谨慎？是不是该在稳中求进、人前多恭谦、得意时多低调？

天道忌盈，人事惧满，月盈则亏，花开则谢，这些虽然是出于天理循环，实际上也是人的盈亏之道。事业达于一半时，一切皆是生机向上的状态，那时可以品味成功的喜悦；事业达于顶峰时，就要以"如临深渊，如履薄冰"的态度来待人接物，只有如此才能持盈保泰，永享幸福。否极泰来，物极必反，就像喝酒喝到烂醉如泥，就会使畅饮变成受罪。有些人就上演了使后人复哀后人的悲剧。往往事业初创时大家小心谨慎，而到成功之时，不仅骄奢之心来了，夺权争利之事也多了。所以每个欲有作为的朋友都应记住"月盈则亏，履满宜慎"的道理。

所以说我们做人，还是深沉一点好。不要为一时之得意而忘乎所以，不把任何人放在眼里，以至招来非议，断了自己的后路。须知，乐极反而生悲。

三思而后行

冲动是魔鬼，人在"冲动"的驾驭下，往往会做出一些匪夷所思的举动，甚至不惜去触犯法律、道德的底线，为自己的人生抹下一道重重的阴影。

其实，人活于世，俗事本多，我们真的没有必要再去为自己徒增烦恼。遇事，若是能冷静下来，以静制动，三思而后行，绝对会为你省去很多不必要的麻烦。否则，你多半会追悔莫及。

有这样一则故事，颇有警示意义：

说是古时有一愚人，家境贫寒，但运气不错。一次，阴雨连绵半月，将家中一堵石墙冲倒，而他竟在石墙下挖到了一坛金子，于是转眼成为富人。

然而，此人虽愚笨，却对自己的缺点一清二楚。他想让自己变得聪明一些，便去求教一位禅师。

禅师对他说："现在你有钱，但缺少智慧，你为何不用自己的钱去买别人的智慧呢？"

此人闻言，点头称是，于是便来到城里。他见到一位老者，心想老人一生历事无数，应该是有智慧的。遂上前作揖，问道："请问，您能将您的智慧卖给我吗？"

老者答道："我的智慧价值不菲，一句话要 100 两银子。"

愚人慨言："只要能让自己变得聪明，多少钱我都在所不惜！"

只听老者说道："遇到困难时、与人交恶时，不要冲动，先向前迈三步，再向后退三步，如此三次，你便可得到智慧。"

愚人半信半疑："智慧就这么简单？"

老者知道愚人怕自己是江湖骗子，便说："这样，你先回家。如果日后发现我在骗你，自然就不用来了；如果觉得我的话没错，再把100两银子送来。"

愚人依言回到家中。当时日已西下，室内昏暗。隐约中，他发现床上除了妻子还有一人！愚人怒从心起，顺手操过菜刀，准备宰了这对"奸夫淫妇"。突然间，他想起白日向老者赊来的"智慧"，于是依言而行，先进三步，再退三步，如此三次。这时，那个"奸夫"惊醒过来，问道："儿啊，大晚上的你在地上晃悠什么？"

原来那个"奸夫"竟是自己的母亲！愚人心中暗暗捏了一把汗："若不是老人赊给我的智慧，险些将母亲错杀刀下！"

翌日一早，他便匆匆赶向城里，去给老者送银子了。

常言道"事不三思终有悔，人能百忍自无忧"，**冷静就是一种智慧**！世间的很多悲剧都是因一时冲动所致。倘若我们能将心放宽一些，遇事时、与人交恶时，压制住自己的浮躁，考虑一下事情的前前后后以及由此造成的后果，且咽下一口气，留一步与人走，人与人之间的关系就会变得和谐许多。

据说青年拳击手王亚为，某日骑车上街，在路口等红灯时，后面冲上来一个骑车的小伙子撞到他的自行车上。小伙子不但不道歉，反而态度蛮横，要王亚为给他修车。王亚为很是恼火，但是他极力控制自己的情绪不发作。这小伙子不自量力，口出狂言："你是运动员吧？你就是拳击运动员我也不怕，咱们练练？"一听对方要打架，王亚为连忙后退说："别打，别打，我不是运动员，我也不会打架。"因为他的示弱，一场冲突避免了。事后他说："我知道，我这一拳打出去对普通人会造成多大的伤害。我必须时刻提醒自己要忍耐，示弱反而让我感到自己更强大。"

有道是"他强任他强，清风拂山岗；他横任他横，明月照大江！"我们做人，理应如王亚为这般，在无谓的冲突面前，晓得忍让，有时示弱即是强！示弱才能无忧！

当然，我们不是圣人，所以难免有气急焦虑之时，但还是希望大家在遇事时尽量控制自己的情绪，努力使自己镇定下来。假如有什么人、什么事令我们一时火起，那么请先做几个深呼吸，安抚一下自己的心灵。想想冲动的后果，想想它会给我们的家庭和前途带来怎样的影响。记住，你的决定很可能会影响你的一生，所以为了自己和家人的幸福，凡事请三思而后行。

好好克制你的坏脾气

我们的生活不可能平静如水，人生也不会事事如意，人的感情出现某些波动也是很自然的事情。可有些人往往遇到一点不顺心的事便火冒三丈，怒不可遏，乱发脾气。结果非但不利于解决问题，反而会伤了感情，弄僵关系，使原本已不如意的事情更是雪上加霜。

看过下面这个故事，或许我们能够获得警醒。

有一只骆驼在沙漠里跋涉着。正午的太阳像一个大火球晒得它又饿又渴，焦躁万分，一肚子火不知道该往哪儿发才好，正在这时，一块玻璃瓶的碎片把它的脚掌硌了一下，疲累的骆驼顿时火冒三丈，抬起脚狠狠地将碎片踢了出去，却不小心将脚掌划开了一道深深的口子，鲜红的血液顿时染红了沙粒，生气的骆驼一瘸一拐地走着，一路的血迹引来了空中的秃鹫,它们叫着在骆驼上方的天空中盘旋着。骆驼心里一惊,不顾伤势狂奔起来,在沙漠上留下一条长长的血痕。跑到沙漠边缘时,浓重的血腥味引来了附近沙漠里的狼,疲惫再加流血过多,无力的骆驼只得像只无头苍蝇般东奔西突,仓皇中跑到了一处食人蚁的巢穴附近,鲜血的腥味儿惹得食人蚁倾巢而出,黑压压地向骆驼扑过去。一眨眼,就像一块黑色的毯子一样把骆驼裹了个严严实实。不一会儿,可怜的骆驼就鲜血淋漓地倒在地上了。临死前,骆驼追悔莫及地哀叹:"我为什么要跟一块小小的碎玻璃生气呢?"

有的时候我们就跟这只骆驼一样,不能控制自己的情绪,于是成了自己情绪的奴隶或喜怒无常心情的牺牲品。事实上,当我们履行自己的职责或执行自己的人生计划时,最怕的就是受制于自己的情绪。其实,一个心态受到良好训练的人,完全能迅速地驱散他心头的阴云。但是我们大多数人却是,当出现一束可以驱散我们心头阴云的心灵之光时,我们却紧闭着心灵的大门,试图通过全力围剿的方式驱除心头的情绪阴云,而非打开心灵的大门让快乐、希望、通达的阳光照射进来,这真是大错特错。

那么,想想我们的坏脾气给自己的生活带来了多么大的麻烦吧!当你用一张死板的面孔面对自己的同事和下属的时候,当你用不耐烦的口气挂断父母的电话的时候,当你回到家对自己的爱人和孩子大吵大嚷的时候,他们都将会以怎样的心情承担坏脾气带来的不良氛围呢?如果长此以往下去,你一定会变成一个不受欢迎,被别人敬而远之的人。因为别人也是人,别人也同样有自己的脾气,没有人能够永远地去包容你的坏脾气,更不会有人能长时间地去容忍因为你的坏脾气给自己带来的麻烦。

所以我们应该努力管理好自己的情绪,以豁达开朗、积极乐观的健康心态去工作、生活,而不是让急躁、消极等不良情绪影响到我们自己和身边那些最爱的人。我们不要让自己的情绪影响自己的心情，更不要让自己的坏脾气影响到别人的心情。因为坏脾气总是会把我们的生活搞得一团糟，这不单单对你的心情会有影响，还有可能会影响到你与朋友之间的友谊，与家人之间的和睦，甚至改变你一生的走向。

毫无疑问，再怎么说我们也已经是成年人了，不能再这样像个孩子一样任性撒泼，我们应该很清楚被情绪左右会给我们的人生带来多么严重的后果。所以，从现在开始，好好克制住你的坏脾气吧，不要因为一时的冲动，毁了自己一辈子的快乐生活。

无所谓的伤害，没有执着的必要

有些事能不计较就不计较，不计较才能少烦恼。宽恕，能使人与人的交流重新顺畅，为爱铺平道路。宽恕的中心要素在于改变自己意欲报复、伤害他人的态度和行为，使之转向，转为无私、谦让、慷慨与服务。

当年，台湾的许多商人知道于右任是著名的书法家，纷纷在自己的公司、店铺、饭店门口挂起了署名于右任题写的招牌，以示招徕顾客。其中确为于右任所题的极少，赝品居多。

一天，一学生匆匆地来见于右任，说："老师，我今天中午去一家平时常去的小饭馆吃饭，想不到他们居然也挂起了以您的名义题写的招牌。明目张胆地欺世盗名，您老说可气不可气！"

正在练习书法的于右任"哦"了一声，放下毛笔，然后缓缓地问:"他们这块招牌上的字写得好不好?"

"好我也就不说了。"学生叫苦道:"也不知他们在哪儿找了个新手写的,字写得歪歪斜斜,难看死了。下面还签上老师您的大名,连我看着都觉得害臊!"

"这可不行!"于右任沉思片刻,说道"你说你平时经常去那家馆子吃饭,他们卖的东西有啥特点,铺子叫个啥名?"

"这是家面食馆,店面虽小,饭菜都还做得干净。尤其是羊肉泡馍做得特地道,铺名就叫'羊肉泡馍馆'"。

"呃……"于右任沉默不语。

"我去把它摘下来!"学生说完,转身要走,却被于右任喊住了。

"慢着,你等等。"

于右任顺手从书案旁拿过一张宣纸,拎起毛笔,刷刷在纸上写下了些什么,然后交给恭候在一旁的学生,说道:"你去把这个东西交给店老板。"

学生接过宣纸一看,不由得呆住。只见纸上写着笔墨酣畅、龙飞凤舞的几个大字——羊肉泡馍馆,落款处则是"于右任题"几个小字,并盖了一方私章。整个书法,可称漂亮之至。

"老师,您这……"学生大惑不解。

"哈哈,"于右任抚着长髯笑道:"你刚才不是说,那块假招牌的字实在是惨不忍睹吗?这冒名顶替固然可恨,但毕竟说明他还是瞧得上我于某人的字,只是不知真假的人看见那假招牌,还以为我于大胡子写的字真的那样差,那我不是就亏了吗?我不能砸了自己的招牌,坏了自己的名!所以,帮忙帮到底,还是麻烦老弟跑一趟,把那块假的给换下来,如何?"

"啊,我明白了。学生遵命。"转怒为喜的学生拿着于右任的题字匆匆去了。就这样，这家羊肉泡馍馆的店主竟以一块假招牌换来了当代大书法家于右任的墨宝，喜出望外之余，未免有惭愧之意。

宽恕，亦是一种净化。当我们手捧鲜花送给他人时，首先闻到花香的是我们自己；而当我们抓起泥巴想抛向他人时，首先弄脏的就是我们自己的手。宽恕别人，就是善待自己。仇恨只能永远让我们的心灵生存在黑暗之中；而宽恕，却能让我们的心灵获得自由，获得解脱。

其实，宽恕别人的过错，得益最大的是我们自己。荷兰的一所著名大学的研究人员组织了一批志愿者做了一项有关"宽恕"的实验。

志愿者们被要求想象他们被人伤害了感情，并反复"回忆"被伤害时的情景。研究人员发现，此时的志愿者在身体上和精神上的压力同时加大，伴随着血压升高，他们心跳加快、出汗、面部表情扭曲。之后，研究人员又要求他们停止想自己被别人伤害的事情，虽然没有刚才的生理反应大，但是某些生理症状却依旧存在。最后，志愿者被要求想象已经原谅了自己的"假想敌"，这时，志愿者感到身心放松并且非常的愉快。

这样，研究人员得出结论：宽恕别人，不意味着为犯错的人找借口，而是将目光集中在他们好的方面，从而把自己从痛苦中拯救出来。这正应了那句话：不要拿别人的错误来惩罚自己。其实，"宽，则能容；容，则能和；和，则能平。一念间的宽容，能换来长久的安乐；一时的委屈，能换来最后的成功。"宽恕别人并不困难，但也不容易，关键是看我们的心灵是如何选择的。

想一想，如果你是狮子，别人骂你是狗，你不会真的变成狗，故不用为此而生嗔；如果你是狗，别人赞叹你是狮子，你也不会真的变成狮子，故不必为此而生喜。所以，别人的赞叹，不会让你变好；别人的指责，也不会让你变坏，这些没什么可执著的！

古龙的争与让

　　"忍让"自然是人生中的一种大修行、大智慧，但所谓忍让，并不是要求我们不分是非，一味地退避、妥协。倘若一件事发生在我们的面前，它触犯了我们的民族尊严、触碰了道德底线、有违我们做人的基本原则，那么我们就无需再忍了。

　　古龙是万千读者尊崇的偶像，他缔造了一个属于自己的江湖。然而，古龙除了惊世骇俗的才华以外，更有着超越常人的处世智慧和宽广胸襟。

　　经过多年艰辛打拼以后，古龙终于在文坛拥有了自己的一席之地。武侠小说的一代宗师金庸先生更是对他推崇不已。两人相识之后，就常常结伴同游。后来，古龙因为一些债务原因，手头有些拮据，金庸先生便帮他联系了一个日本的出版商。对方非常欣赏古龙的才华，便邀请二人当面晤谈。

　　双方见面之后，会谈并没有想象中那么顺利。因为文化的差异，彼此先是在讨论文学创作上有了分歧，接着，古龙发现对方在客气的外表下总是透着一股傲慢，尤其是对中国当代文学，很有些看不上眼。场面有些尴尬，金庸先生总是大度地微笑着缓和紧张的气氛，古龙的话越来越少，渐渐沉默起来。

　　酒过三巡，对方的酒兴渐渐高涨起来，不停地催服务生上清酒。古龙和金庸两人都有些不胜酒力了，便开始推辞起来。不料对方忽然露出了鄙夷的神色，一语双关地说道："你们中国的小说家也不过如此嘛！"

　　金庸连忙转过头，紧张地看着血气方刚的古龙。让他没想到的是，古龙并没有暴跳如雷，而是微笑着缓缓说道："这么小的杯子怎么能尽兴呢？来，换脸盆喝！"说着，他亲自取来三个脸盆摆在大家面前，然后用清酒倒满自己面前的脸盆，高高举起。"干！"说着，他端起盆，仰头就喝了起来，坐在一旁的金庸惊得说不出话来，日本出版商更是傻了眼。古龙喝到一半，对方连忙跑过来拉住他，嘴里不停地说道："古先生，我佩服你！不要再喝了！"

　　事后，日本出版商再也没有过傲慢的表现。金庸悄悄问酒醒后的古龙，真的能喝得下那么多酒吗？古龙憨笑着告诉他，其实自己也喝不了那么多酒。只是他一直觉得，对善待自己的人，自己就必须还以善良；对待轻视自己的人，就必须坚决反击，何况是事关作家的尊严和民族感情。

　　从那之后，金庸先生不止一次在朋友面前提起这件事情，并且一再表示，古龙身上的侠气精神让他一生都无法忘记。

　　随着古龙名气的与日俱增，他的小说也越来越炙手可热。在利益的驱使下，很多人开始效仿他，挖空心思，想方设法利用古龙的名气为自己谋利，甚至有人开始冒充古龙的名字写小说。

　　一天午后，一个朋友在市场上发现了几本冒充古龙先生新作的小说，异常气愤。他立刻买下了几本，气呼呼地来到古龙的家里。

　　可让他没想到的是，一向争强好胜的古龙并没有生气，反而津津有味地读了起来。读了一会儿，他轻轻放下书，什么也没说。坐在一旁的朋友按捺不住了，问他为什么不追究。古龙微笑着告诉他："这本小说的风格，我一看就知道是谁写的。我也非常反感这些抄袭模仿、假借之笔的龌龊行为，可这个作者我认识，他的家境非常贫寒，不过是以此来糊口罢了。如果我去举报他，那他全家人都可能饿肚子。得饶人处且饶人，何况他的原因很特殊；再说，他的文笔很不错，我不忍心就让他这样毁在我手里。"朋友听完他的话，欷歔不已。

不仅如此，古龙还特别留心冒充自己写小说的作者当中才华出众的，并且想方设法帮助他们。在古龙的帮助下，很多年轻人崭露头角，而且都和古龙成了朋友。

正因为这种博大的胸怀，使得古龙先生故去之后，台湾迅速成长起来一批新的优秀小说家。也正因为如此，虽然古龙人已逝，他却在很多受过他帮助的人心中延续着自己的生命，并将这份豁达与博爱继续传递下来。

古龙的争，不是莽夫之争，而是血性之争，为自身尊严而争，为民族荣誉而争；古龙的让，不是懦弱退缩，而是心怀博爱，不计小利，为更多有才情抱负的人提供机会，更加让人佩服一生一世。血性与宽容，是苍鹰的两只翅膀，不争，不足以立志；不让，不足以成功。

七
活出生命的真谛，做好自己应该做的

悲伤不可却，不如坦然些，所以在接纳的同时问问自己：我能做些什么来让自己感觉好一些？不要为难自己，只要你做好应该做的事情，就是值得称赞的。

人比人，气死人

是人就有攀比心，这是无需争辩的事实。其实，攀比也并非都是坏事。如果说，我们能够通过攀比，发现自身的不足，认识自己的独特，承认与别人的差异，确定努力的方向，激发合理竞争的欲望，那么我们提倡大家去攀比。这样比有什么不好？这样比也能促成进步，这样比是可以的。

但是，如果说我们什么都要比，聚在一起就要比事业、比地位、比房子、比车子、比银子……非要比出个谁强谁弱，比赢了就洋洋得意，比输了就垂头丧气，那就不好了。说实话，这是在给自己找烦恼。我们得明白，这世界上总有人在某一方面比我们强，我们一路比下去，只会让自己越比越急、越比越累。

换而言之，"攀比"本身没有错，错的是我们对待"攀比"的心态。人一旦有了不正常的比较心，往往意不能平，终日惶惶于所欲，去追寻那些多余的东西，空耗年华，难得安乐。然而，尽管我们都知道"人比人，气死人"的道理，可在生活中，我们还是要将自己与周围环境中的各色人物进行比较，比得过的便心满意足，比不过的便在那儿生闷气发脾气，说白了还是虚荣心在那里作怪。可是，与别人攀来比去，最后除了虚荣的满足或失望之外，还剩下什么？有没有意义？是徒增烦恼还是有所收获？答案是——毫无意义。

不过这种毫无意义的事情，许多人做起来倒是乐此不疲。比如说下面这几位，简直是立誓要把攀比进行到底：

先说北魏那个王琛，他家中非常阔绰，珍宝、玉器、古玩、绫罗、绸缎、锦绣，无奇不有，常常与北魏皇族高阳进行攀比，要决一高低。有一次，王琛竟对皇族元融说："不恨我不见石崇，恨石崇不见我！"而石崇相信大家都知道，那是一个富可敌国的人。

再说那元融，听闻此言以后，回家开始闷闷不乐，恨自己不及王琛财宝多，竟然忧虑成病，对来探问他的人说："原来我以为只有高阳一人比我富有，谁知道王琛也比我富有，唉！"

还是这个元融，在一次赏赐中，太后让百官任意取绢，只要拿得动就属于你了。这个元融，居然扛得太多致使自己跌倒伤了脚，太后看到这种情景便不给他绢了，被当时人们引为笑谈。

还有南北朝时，有一个叫苻朗的官员，当时朝中官员们有一个时尚：用唾壶。苻朗为了攀比、炫耀，让小孩子跪在地上，张着口，苻朗将痰吐进去……攀比到了用孩子做唾壶的地步，简直丧心病狂！

由此我们也可以看出，这几个人之所以乐于攀比不疲，实际上就是一个面子问题。人生在世，但凡是个正常的人，多多少少都有些虚荣，虚荣本来无可厚非，但虚荣之火过了，也便令人讨厌了。

只是，很多人并不认为自己在攀比，他们甚至觉得，拿着一个月的薪水买一件奢侈品，是讲究生活品质，实际上，那些真正讲究生活品质的人，并不在乎这些，也不是纯粹表现在物质这个浅层次上，"讲究生活品质"说白了，这只不过是我们为自己肤浅的攀比行为打掩护而已。我们只要在镜中照一下自己眼角的那处不屑、那处自满，就会明白，"生活质量"不过是我们攀比、炫耀的托词！事实上，这只不过是失去了求好的精神，而将心灵、目光专注于物质欲望的满足上。在一个失去求好精神的群体中，人们误以为摆阔、奢侈、浪费就是生活品质，逐渐失去了生活品质的实质，进而使人们失去对生活品质的判断力，攀比着追逐名牌，追逐金钱，追逐各种欲望的满足。难怪很多人在物质欲望满足之际，却无聊地在那儿打哈欠呢！无聊地在夜里互相攀比着烧钱玩！

　　事实上，并不是住大房子、开名牌车、穿着入时，才是生活。真正的生活品质，是看清自我，清楚地衡量自己的能力与条件，在这有限的条件下追求最好的事物与生活。生活品质是因长久培养了求好的精神，从而有自信、丰富的内心世界；在外可以依靠敏感的直觉找到生活中最好的东西，在内则能居陋巷、饮粗茶、吃淡饭而依然创造愉悦多元的心灵空间。所以奉劝大家一句，如果你是试图攀比的人，那么请停下你的脚步吧。别让虚荣阻碍了你享受生活。

有缺陷并不一定是坏事

　　似乎，这世界上的每一个人都在潜意识中竭力追求着完美，但遗憾的是，我们迎来的却是一个又一个的不完美。将完美当作理想的寄托点，本无可非议，但若过分执着于完美，就一定会让自己彻底迷失，因为理想中的完美绝对是虚无飘渺的，任何一种真实的事物都有它不可避免的缺陷。

　　我们之中有许多人在年轻时，都倾向于为自己、为未来、为世界设定一个心目中的完美形象，而不肯承认现实是什么。不论自己有多能干，事业有多么成功，我们总是觉得和自己的理想还有差距，因而我们总是处于不满足的状态。于是，为了认定自己能否符合心目中的完美形象，我们总是在不断提高自我要求，却从来没有想过自己只是在追赶幻影。

我们能接受自己的不完美，那样，生活才能趋于"完美"；如果说我们一味地去挑剔自己、挑剔生活，那样，人生是无论如何都不会呈现出"美"的。因为绝对的完美主义者，他们的内心不可能平和。换而言之，他们对事物的一味理想化要求，导致了内心的苛刻与紧张，内心的紧张又使他们更加苛刻地要求自己。所以，完美主义与内心放松满足相互矛盾，两者不可能融入同一个人的人格，那么，也就不可能体会到由满足所带来的幸福。现在不会，如若不改变这种心理状态，将来也不会。

我们应该知道，事物发展总是遵循着自身的规律，即便不够理想，也不会单纯因为人的意志发生改变。如果说有谁试图使既定事物按照自己的要求发展变化而不顾客观条件，那么一开始就已经注定了失败。所以朋友们必须认识到，有缺陷并不是一件坏事。正确地看待自己的不足，有什么不好呢？有一个故事也许能让我们有所感触：

有人对自己坎坷的命运实在不堪重负，于是祈求上帝改变自己的命运。上帝对他承诺："如果你能在世间找到一位对自己命运心满意足的人，你的厄运即可结束。"于是此人开始了寻找的历程。一天，他来到皇宫，询问高贵的天子是否对自己的命运满意，天子叹息道："我虽贵为国君，却日日寝食不安，时刻担心自己的王位能否长久，忧虑国家能否长治久安，还不如一个快活的流浪汉！"这人又去询问在阳光下晒着太阳的流浪人是否对自己的命运满意，流浪人哈哈大笑："你在开玩笑吧？我一天到晚食不果腹，怎么可能对自己的命运满意呢？"就这样，他走遍了世界的每个地方，被访问之人说到自己的命运竟无一不摇头叹息，口出怨言。这人终有所悟，不再抱怨生活。说也奇怪，从此他的命运竟一帆风顺起来。

其实，当我们用挑剔的眼光去看待人生时，我们的潜意识已经非常不满了，我们的内心已然不能平静。一床凌乱的毯子、车身上一道划伤的痕迹、一次不理想的成绩、数公斤略显肥胖的脂肪……这些都能成为我们烦恼的原因，这表明我们心思已经完全专注于外物，失去了自我存在的精神生活，我们不知不觉迷失了生活应该坚持的方向，被苛刻掩住了宽厚仁爱的本性……这种状态肯定不能让它持续下去，因为这会给我们以及我们身边的人带来很大的伤害。所以我们必须认识到，人这一辈子就是得与失之间轮回，任何事都不可能尽善尽美，我们完全没有必要太过苛求，苛求自己，苛求身边的人和事。

深陷苦恼的泥潭，只会与快乐无缘

　　小时候我们无忧无虑，随着年龄的增长烦恼也与日俱增。20岁的时候还可以过一过一人吃饱全家不饿的日子，以后开始慢慢意识到自己身上的责任。想抓住身边的机遇却一再错过，想完成自己的梦想，却觉得它日渐遥远。总而言之，一连串的苦恼就这样有形无形地折磨着自己。别再想了，好好地为自己放个假，每个人有每个人的潇洒，让我们将那些令人心碎的苦恼统统抛在脑后吧。
　　随着时光的流逝我们在慢慢走向成熟，我们有了不少的心事。它也许是有关事业的，也许是有关家庭的，也许是有关爱情的。总而言之，总是让我们内心产生了一种纠结的情绪。这种苦恼让我们很痛苦，经常把我们推向消极的死胡同。使我们丧失最初的斗志，觉得生活带给了自己太多的失落。其实，事情并没有我们想象中的那么沉重，但我们确认为它很沉重，就这样日子一天天过去，让我们有了一种在苦恼中挣扎的感觉。

当各种各样的苦恼重叠在了一起，当我们感到这些压力和失落让我们的人生失去了意义，你就需要暂时停下脚步，让自己内心的不满、痛苦和无奈得到彻底的宣泄。我们可以给自己设计一段轻松的日子，在那些日子里，什么都不要想，去做自己喜欢的事情，将各种各样的苦恼统统抛在脑后。不再去管明天的房贷能不能如期还上，让下星期必须完成的文件、报表、策划案通通见鬼去吧。你现在需要的就是休息、放松，只有让自己的情绪归于宁静，你才能在以后更加从容、冷静地面对压力，面对人生，面对你自己。

飞机正在白云之上翱翔。机舱内，空姐微笑着给乘客送食品。陈老板细细地品尝美食，而邻座的年轻人却愁眉苦脸地望着窗外的天空。

陈老板颇为好奇，热情地问："小伙子，怎么不吃点儿？这伙食标准不低，味道也不错。"

年轻人慢慢地扭过头，不无尴尬地说："谢谢，您慢用，我没胃口。"

陈老板仍热情地搭讪："年纪轻轻的怎么会没胃口？是不是遇到什么不开心的事啦？"

面对陈老板热心的询问，年轻人有些无奈："遇到点儿麻烦事，心情不太好，但愿不会破坏了您的好胃口。"

陈老板非但不生气，反倒更热心了："如果不介意，说来听听，兴许我还能给你排忧解难。"

年轻人看了看表，还有一个多小时才能到目的地，聊就聊聊吧。

年轻人说："昨夜接到女朋友的电话，说有急事要和我谈谈。问她有什么事，女朋友表示见了面再说。"

陈老板听后笑了："这有什么犯愁的呀？见了面不就全清楚了吗？"

年轻人说:"可她从来没这么和我说过话。要么是出了什么大事,要么就是有什么变故,也许是想和我分手,电话里不便谈。"

陈老板笑出声:"你小小年纪,想法可不少。也许没那么复杂,是你想得太多。"

年轻人叹道:"我昨天整个晚上都没合眼,总有一种不祥的预感。唉,你是没身临其境,哪能体会我此刻的心情。你要是遇到麻烦,就不会这样开心啦。"

陈老板依然在笑:"你怎么知道我没遇到麻烦事?也许你的判断不够准确。"说着,陈老板拿出一份合同,"我是去广州打官司的,我们公司遇到前所未有的大麻烦,还不知能否胜诉。"

年轻人疑惑地问:"您好像一点儿也不着急。"

陈老板回答:"说一点儿不急那是假,可急又有什么用呢?到了之后再说,谁也不知道对方会耍什么花样儿。可能我们会赢,也可能一败涂地。"

年轻人不禁有点佩服起眼前这位儒雅的绅士来。一晃几十分钟过去,到达了目的地广州,陈老板临别给了年轻人一张名片,表示有时间可以联系。

几天后,年轻人按照名片上的号码给陈老板去了个电话:"谢谢您,陈老板!如您所料,没有任何麻烦。我女朋友只想见见我,才出此下策。您的官司打得怎么样?"

陈老板长笑声爽朗:"和你一样,没什么大麻烦。对方已撤诉,我们和平解决。小伙子,我没说错吧,很多事情面对了之后再说,提前犯愁无济于事。"年轻人由衷地佩服这位乐观豁达的陈老板。

有句成语叫做自寻烦恼,这无非是在告诫我们:许多烦心和忧愁都是我们自己给自己绑的绳索,是对自己心力的一种无端耗费,无异于自己给自己设置了一个虚拟的精神陷阱。只要好好把握现在,什么事情都可能出现转机。同样，遇到苦恼的时候，我们没有必要觉得它有多么让人恐惧，不要在自己的想象中把未来还未发生的事情想的那么可怕。有的时候试着把这一切的一切抛在脑后，让其顺其自然地发展，也许一切就会在不知不觉中迎刃而解了。

其实事情是这样的，就不会那样。藏在苦恼的泥潭里不能自拔，只会与快乐无缘。所以你要给自己找一个远离苦恼的理由来安顿自己的心灵，抓住苦恼不放，就会失去生活的乐趣。如果你整日以一种痛苦的、悲哀的感情去生活，那么生活就将是非常沉闷灰暗的；而如果你以欢悦的态度对待生活，即使有不如意、不顺心的事，生活也会充满阳光。

放下消极的负累

很显然，我们不能每天都遇到好事儿，一旦那些我们不愿意发生的事情发生了，很多朋友都会背上消极的负累，觉得自己是天下最倒霉的人，其实，事情往往都没有我们想象的那么糟糕。常言说的好"风水轮流转"，这个世界上没有人会永远幸运，当然也没有人会永远倒霉。

人生路上若是没有磕磕绊绊的事儿，那就不叫人生。就像我们小时候，不摔几个跟头就学不会走路一样，人这辈子要想有所成就，就必须经历这些历练。只不过很多朋友看不透，一遇到不如意的事就让自己往牛角尖里钻，觉得上天就是在作弄自己，因而骂天骂地骂社会，却从不知检视一下自己。当然，我们也看到，有些朋友在相同的境遇下，却屡屡能够柳暗花明，最终越过挫折收获希望。造成这种反差的原因很简单，后者总是微笑着迎接自己生命的每一天，不管未来会发生什么，不管人生的这条路是通达还是曲折，他们都会带着自己孩子一般的好奇心一步一步地走下去，因为他们相信在不久的将来一定能得到他们渴望的美好生活。于是，他们也就真的得到了美好的生活。

生活就是这样，你看到它的好，它就给你它的好；你只盯着它的坏，它就让你觉得更坏。是故我们说，面对生活，人人都应该有自己的激情，面对人生，我们都应该保持积极进取的态度。就算眼前的一些事令我们迷茫了，但也要学会透过迷雾看希望。人生本来就是一场充满未知的旅行，我们永远不知道下一站会发生什么事情，但不管发生什么，我们都要活着不是？那么，快乐地活着是一天，不快乐地活着也是一天，我们又为什么不能弃后者而取前者呢？

我们强调过，悲欢离合都是人生中不可或缺的历练，这本身就是上苍送给我们的最好的人生礼物。我们应该诚心地去接受它，无论遇喜、遇悲，就把它当成是对于心灵的一种洗礼，告诉自己，这会让我们的心越发成熟起来。当我们能以乐观的态度去对待人生中那些看似悲观的事情之时，当我们能用积极的心态去迎接每一天的挑战、每一天的生活之时，那么怎么看我们的人生都是幸福并成功的。

事实上，朋友们或许还没有认识到，经营人生很重要的一点就是，多往好处看。曾经听到过这样一个故事，讲的就是这个理，大家一起来感悟一下吧。

古时有两个秀才一起进京赶考，路上二人遇到一支出殡的队伍。看到一口黑乎乎的棺材，其中一个秀才心里立即"咯噔"一下，凉了半截，心想：完了，真触霉头，赶考的日子居然碰到这个倒霉的棺材。于是，心情一落千丈，走进考场，那个"黑乎乎的棺材"一直挥

| 七　活出生命的真谛，做好自己应该做的 |

之不去，结果，文思枯竭，名落孙山。

另一个秀才也同时看到了那口棺材，一开始心里也"咯噔"了一下，但转念一想：棺材，棺材，噢，那不就是有"官"又有"财"吗？好，好兆头，看来今天我要鸿运当头了，一定高中。于是心里十分兴奋，情绪高涨，走进考场，文思如泉涌，果然一举高中。

回到家里，两人都对家人说那"棺材"真的好灵。

朋友们说，棺材真的有那么"灵"吗？当然不是，事实上是他们的心"显灵"了！第一个秀才之所以名落孙山，是因为他在考场上发挥不好，而发挥不好的根本原因就是"心"乱了，因为他感到棺材令他"触霉头"。另一个秀才之所以金榜题名，是因为他考场上发挥超常，而发挥超常的根本原因是他的"心"喜了，因为他觉得棺材是他的"好兆头"。

在现实生活中，类似的事情并不少见。譬如说，有些人会因为失败而跳楼，有些人则会因为战胜失败而重新成就一番更大的事业；有些人会因为对手强大而心生畏惧，有些人则会因为敢于挑战巨人而使自己快速地成为巨人……人生就是这样，只要你思维变了，眼前的世界就会跟着发生截然不同的变化，所以朋友们，万事都往好处想！有一点毫无疑问，你我都不希望自己的人生在悲观失落中度过，但如果我们的脑子中装满了对这个世界的愤愤不平、装满了面对人生的消极程序，试问何处又能盛装快乐呢？其实只要我们的心放宽一点就会发现，每个人的生活都差不多，每个人都在为生计而奔波，每个人都要为一日三餐的质量而努力，当然，也都要遇到各种各样的难题。那么，人家看得开，我们为什么就看不开呢？事实上，也正是因为我们看不开，所以人家在困难之中往往能看到契机，而我们就只能看到危机。

我们的人生还有很长一段路要走，你我不能让自己的心在悲观消沉中度过，那样即便到了寿终之时，我们及我们身边的人依旧体会不到真正的快乐。生活本身就带着它的两面性，我们应该学着去漠视它的苦，去体会它的乐。

甜甜圈与小空洞

想问问大家，你是否见过一帆风顺的人？事实上，这样的人真的没有。而且，如果人的一生都在平庸中度过，没有一丝的起落和波澜，那么他必将因此而深感遗憾。困难和挑战一个接一个接踵而至，无论是成功还是失败，都不过是生命的一个过程。这时候，我们不应该皱起自己的眉头，而应以一颗乐观向上的心去期盼明天的太阳。太阳每一天都会从东方升起，千万年来从未间断过，当然明天，明天的明天也是如此……

当困难来临的时候，你的反应是怎样的呢？多少年的风风雨雨，虽说人生没有什么大起大落，但至少也经历了一些波澜。很多成功的人把乐观的心态渗入到了自己的骨髓，在他们眼中困难和挑战不是什么了不起的大事，而仅仅是一个有待于解决的问题。也许自己这张答卷不会是最好的，但却是最认真的，倾尽全力的。在人生的道路上，不管出现了什么样的问题，只要尽力了就好。当你怀着一颗乐观的心面对这个世界的时候，世界也会同样给你一个灿烂的笑容。就像一位著名的政治家说的那样："要想征服世界，首先要征服自己的悲观。"在人生中，悲观的情绪笼罩着生命中的各个阶段，是不可避免的。如果能够战胜悲观的情绪，用开朗、乐观的心态支配自己的生命，你就会发现生活有趣得多。悲观就好比是一个幽灵，能征服自己的悲观情绪的人，往往能征服世界上许多困难的事情。尽管人生中悲观的情绪不可能完全消散，但最要紧的事情是我们要用自己乐观的心去击败它，征服它。

在日常的生活中，我们往往见到有人积极乐观，有人消极悲观。处理问题的态度也有很大的差异，这是为什么呢？其实，外在的世界并没有什么不同，只是个人内在的处世态度不同罢了。

一家卖甜甜圈的商店贴了这样一块发人深思的招牌，上面写着："乐观者和悲观者的差别十分微妙：乐观者看到的是甜甜圈，而悲观者看到的则是甜甜圈中间的小小空洞。"这虽然只是个短短的幽默句子，却透露了这家甜甜圈店追求快乐的本质。事实上，人们眼睛见到的，往往并不是整个事物的全貌，而只是自己想寻求的东西。乐观者和悲观者各自寻求的东西不同，因而对同样的事物，就采取了两种截然不同的态度。

从前有位秀才第三次进京赶考，住在一个经常住的店里。考试前两天他做了三个梦：第一个梦是梦到自己在墙上种白菜，第二个梦是下雨天，他戴了斗笠还打着伞，第三个梦是梦到跟自己心爱的女子躺在一起，但是背靠着背。临考之际做此梦，似乎与自己的前程大有关系，于是秀才第二天去找算命的解梦。算命的一听，连拍大腿说："你还是回家吧。你想想，高墙上种菜不是白费劲吗？戴斗笠还打雨伞不是多此一举吗？跟女子躺在一张床上，却背靠背，不是没戏吗？"秀才一听，心灰意冷，回店收拾包裹准备回家。店老板非常奇怪，问："不是明天就考试吗？今天怎么就打道回府了？"秀才如此这般说了一番，店老板乐了："唉，我也会解梦的。我倒觉得你这次一定能考中。你想想，墙上种菜不是高种吗？戴斗笠打伞不是双保险吗？你跟女子背靠背躺在床上，不是说明你马上就要得到了吗？"秀才一听，觉得更有道理，于是精神振奋地参加考试，居然中了个探花。

由此可见，凡事都有两面性，多从积极乐观的角度去思考，往往会有好的结局。用乐观的态度对待人生，你可以看到"青草池边处处花"，"百鸟枝头唱春山"，用悲观的态度对待人生，举目只是"黄梅时节家家雨"，低眉即听"风过芭蕉雨滴残"。譬如打开窗户看夜空，有的人看到的是星光璀璨，夜空明媚；有的人看到的是黑暗一片。一个心态正常的人可在茫茫的夜空中读出星光的灿烂，增强自己对生活的自信，一个心态不正常的人让黑暗埋葬了自己且越埋越深。

从某种角度来说，微笑是乐观击败悲观的最有利武器。无论你的生命走到了什么样的地步，都不要忘记自己还可以微笑着看待眼前的一切。只要你微笑，厄运就会离你而去，渐渐消失；只要你微笑，你的生命就能将种种不利于你的局面一点点打开；只要你微笑，代表幸福的阳光就能照射在你的身上，侵入你的皮肤，渗透到你的骨髓里，使你整个身体都充满力量，使你的每一天都在激情与快乐中安然度过。

但是，守住乐观心态并不是一件容易的事情，悲观在寻常的日子里随处可以找到，而乐观则需要我们通过努力，通过智慧，才能使自己长久保持在一种人生处处充满生机的状态。悲观使人生的路愈走愈窄，乐观使人生的路愈走愈宽。作为一个成熟的人，选择乐观的态度对待人生是一种人生的智慧。在诸多无奈的人生关卡里，仰望夜空看到的是闪烁的星斗；俯视大地，大地是绿了又黄，黄了又绿的美景……这种乐观就是坚韧不拔的毅力支撑起来的一片靓丽景观。

一个人的情绪受环境的影响，这是很正常的，但你苦着脸，一副苦大仇深的样子，对环境并不会有任何的改变，相反，如果微笑着去生活，那会增加亲和力，别人更乐于跟你交往，得到的机会也会更多。只有心里有阳光的人，才能感受到现实的阳光，如果连自己都常苦着脸，那生活怎能变得美好起来？其实，生活始终是一面镜子，照到的是我们的影像，当我们哭泣时，生活也在哭泣，当我们微笑时，生活也会跟着微笑起来的。

把失望的焦虑赶出心中

已经不小的年纪，成为职业经理人的美梦仍没有实现，理想中的精致生活也没能拥有，你感到失望了，你焦虑了，待人接物无精打采，做起事来心不在焉，此时你要注意了，偶尔的失望可以理解，但不能让失望的情绪控制了你，否则你这辈子就真没什么指望了。

失望情绪就像讨厌的感冒一样。但是，连续不断的失望同连续不断的感冒一样，也会带来较为严重的后果。它会导致长期的悲观情绪以及一些由精神压抑引起的疾病，如溃疡、关节炎、头疼、背痛等。

长期对生活失望的人可分为三种类型。

第一种是妄自尊大型。这个类型的人指望得到特殊待遇。希望自己的房子比谁的都大，希望在饭店里吃最好的酒菜，希望别人享有的他自己通通享有。这种类型的人必须认识到他的要求是一切以自我为中心的，是不合情理的。

与第一类人截然不同的是饱受创伤型。这个类型的人由于早年受过严重创伤而对生活失去了希望，为了避免更大的失望，就期待着发生最坏的情况，以此来作为防备。于是，他觉得自己会第一个被解雇，办事会被骗。对于这类人，恶劣的情绪比他所面临的实际困难更为可怕，因为这类人总是感到幻灭，因而对生活总是抱着玩世不恭的态度。

而第三种是苛求自己型。这种人想讨好每个人。比如他去参加一个晚会时想着："我怎样才能赢得晚会上所有人的好感呢？"他时时刻刻揣测着别人对他的要求，结果，反而不知道自己想要什么，自己需要什么了。他总是失望，因为他不能满足每个人的要求。

生活的每个时期都有特定的内容，所以也就有不同的失望。儿童简直可以对任何一件事情感到懊丧，因为他对现实的认识太天真、太不充分了。随着年龄的增长，我们对现实的认识丰富起来了，我们的情绪也不再像儿童时那样变化无常了。然而，进入三十几岁时，我们才第一次看到，我们过去曾向往过的那么多目标是不可能都实现的，时间和机遇限制了可能性。我们的失望一般是围绕着事业上停滞不前之类的问题，或者，觉得自己已到了中年却还没能得到原先所冀望的舒适与安定，仍在为基本的生计而奔波忙碌。

在晚年，老人们似乎对两件事情感到失望：一个是没有受到应有的尊重，另一个是因为想到自己再也不能希望什么了。

我们必须承认，任何主观的空想都是不可能实现的。我们应该使我们的愿望灵活一些，这样，一旦遇到了难遂人愿的情况，我们就有思想准备放弃原来的想法。我们要看到，没有一个愿望是绝对神圣、不可更改的。

举个简单的例子。你去看戏，希望能见到一个你十分喜欢的演员。可是，就在开演之前，主持人宣布说那位明星演员病了，由B角出场。假如你死死坚持原来的愿望，你就会为演员的变动而嗟然叹气并愤愤不平地走出剧场。而如果你的愿望是灵活的，你则可能会挺喜欢这场演出，甚至会对B角的演技品评一番。

我们还需要在自己的愿望当中多做些有根有据的估计，少来点主观的臆想。

很简单，我们应追求与自己的能力大小相当的目标。如果我们对外语并不在行，却期望当上法文小说译作家，那就是异想天开。

那么，怎样才能从一场深深的失望中恢复过来呢？

首先要承认你受到的创伤和打击，不要掩饰它。然后，如果你愿意的话，可以难过一段时间。

接着，我们需要对所受的损失做一定分析。这最难，它要求我们领悟到：我们所期望的每一件事情都并非绝对不可缺少。

令人失望的事可以成为一次总结经验的机会，因为它用事实给我们上了一课，使我们清醒过来，正视生活的现实。它提醒我们重新考察自己的愿望，以便使之更加切合实际。

失望是谁都会有的情绪，因为世事毕竟不能尽如人意，不过在失望面前你不应气馁，而是应该把失望化做动力，继续为自己的目标拼搏下去。

打开心窗

只要你愿意打开窗，就会看到外面的风景有多么的绚烂。如果你愿意敞开心扉，就会看到身边的朋友和亲人是多么的友善。人生是如此美好，怎能在自我封闭中自寻烦恼？一个成熟的人，永远要追寻太阳升起时的第一缕阳光。当我们真正卸掉了自闭这道心灵的枷锁，当我们用愉悦的心情迎接美好的未来，你就会发现一个不一样的世界，一个处处充满友善和温暖的环境。

不知道为什么我们开始对外面发生的事情心怀恐惧，不愿意与别人沟通，不愿意了解外面的事情，将自己的心紧紧地封存起来，生怕受到一点伤害。其实，世界并没有我们想象中的那么可怕，外面的空气很新鲜，外面的世界也很精彩，而你身边的人也不一定都是机关算尽的恶人。如果你能够有勇气走出封闭的阴霾，向身边的人敞开心扉，你就能在人们的一张张笑脸中找到属于自己的精彩。

一个人，封闭自己的心是永远找不到属于自己的快乐和幸福的，尽管那一切美好的东西都尽在眼前，但是如果你不打开那道封闭的门走出去，那么你将什么也得不到。人生是短暂的，我们需要三五知己，需要去尝试人生的悲欢离合，这样我们的人生才称得上是完整的。我们没必要在自我恐惧中挣扎，更没必要过于小心翼翼地活着，想去做什么就去做，想去说什么就去说，这样心情才会愉悦起来，生活才不至于因为自闭的单调而失去意义。

自闭性格的人经常会感到孤独。有些人在生活中犯过一些"小错误"，由于道德观念太强烈，导致自责自贬，看不起自己，甚至辱骂、讨厌、摒弃自己，总觉得别人在责怪自己，于是深居简出、与世隔绝；也有些人非常注重个人形象的好坏，总觉得自己长得丑，这种自我暗示使得他们十分注意他人的评价及目光，最后干脆拒绝与人来往；有些人由于幼年时期受到过多的保护或管制，内心比较脆弱，自信心也很低，只要有人一说点什么，就乱对号入座，心里紧张起来。

自闭性格总是给我们的生活和人生带来无法摆脱的沉重的阴影，让我们关闭自己情感的大门。可是，没有交流和沟通的心灵只能是一片死寂，所以我们一定要打开自己的心门，并且就从现在开始，你会发现世界跟你想象中的并不一样。

一个小女孩儿一直因为自卑封闭着自己的心，觉得自己事事不如别人，她不敢跟别人说话，不敢正视对方的眼睛，生怕被别人嘲笑自己的丑陋。直到有一天圣诞节快到了，妈妈给了她三美元，允许她到街上去买一样自己喜欢的东西。于是她走出了家门,来到了街市上。看着街市上那些穿着入时的姑娘,她心里真的很羡慕。忽然她看到了一个英俊潇洒的小伙子,不由得心动了,可是转念一想,自己是如此的平凡,他怎能看上自己呢?于是她一路沿着街边走,生怕别人会看到她。

这时候,她不由自主地走到了一个卖头花的店面前,老板很热情地招待了她,并拿出各种各样的头花供她挑选。这时候,这位老板拿出了一朵金边蓝底的头花戴在了女孩儿的头上,并把镜子递给她说:"看看吧,带上它你现在美极了,你应该是天底下最配得上这朵花的人。"小女孩儿站在镜子前,看着镜子前那美丽的自己,真的有说不出的高兴,她把手里的三美元塞进了老板的手里,高高兴兴地走出商店。

女孩儿这个时候心里非常高兴,她想向所有人展示自己头上那朵美丽的头花,果然,这时候很多人的目光都集中在了她的身上,还纷纷议论:"哪里来的女孩儿这么漂亮?"刚刚让她心动的男孩儿也走上前对她说:"能和你做个朋友吗?"这时候的女孩儿异常兴奋,她轻轻捋顺了一下自己的头发,却发现那朵蓝色的头花并不在自己的头上,原来她在奔跑中把它搞丢了。

生活当中有很多事都是这样的,我们盲目地封闭自己,认为自己一无是处,认为自己很多事情都拿不出手,但是如果有一天你真的打开了封闭已久的那扇心门,遵从自己的心,听取自己心灵的声音,你就会发现原来自己还有那么多连自己都没有意识到的优秀特质。它一直都在我们身上,只不过我们因为封闭自己太久而没有将它很好地利用。

其实,不开心的时候偶尔给自己一个独处的时间是正确的,但是不要将这种行为长长久久地延续下去。我们应该敞开胸怀接受这个世界的精彩，接受身边人的爱与关怀。当你用一颗充满期待的心去面对自己生活的时候，生活也一样会用更多的惊喜来回报你。不要再担心，不要再恐惧，要相信自己的实力，也要相信别人的善良，这个世界上的好人很多，这个世界上的好事也是不少的。

八
在失去自我的体验中，再一次找到自己

世间美好的事物繁多，其中最让人向往的却是镜花水月。于是在追求中我们常常迷失方向，忘记了时间，并为此乐此不疲，直至追求破灭。

活出自我

一个人活在别人的价值观里就会变得虚荣，因为太在意别人的看法就会失去自我。其实每个人都应当为自己而活，追求自我价值的实现以及自我的珍惜。

所以说，人在一定程度上要为自己而活。是的，为自己而活，人不为上帝而活，更不能一味地为别人而活。我们的成功是我们亲手创造的，别人的路不一定适合我们，不要盲目崇拜任何人。你是上帝的原创，不是任何人的附属品，所以在你有限的时间里，活出自己的人生，这才是成功。

有这样一个故事，或许能够让你明白活着的价值：

珍妮正在弹钢琴，七岁的儿子走了进来。他听了一会儿说："妈，你弹得不怎么高明吧？"

不错，是不怎么高明。任何认真学琴的人听到她的演奏都会退避三舍，不过珍妮并不在乎。多年来珍妮一直这样不高明地弹，弹得很高兴。

珍妮也喜欢不高明地歌唱和不高明地绘画。从前还自得其乐于不高明的缝纫，后来做久了终于做得不错。珍妮在这些方面的能力不强，但她不以为耻。因为她不愿意活在别人的价值观里，她认为自己有一两样东西做得不错。

"啊，你开始织毛衣了。"一位朋友对珍妮说"让我来教你用卷线织法和立体织法来织一件别致的开襟毛衣，织出12只小鹿在襟前跳跃的图案。我给女儿织过这样一件。毛线是我自己染的。"珍妮心想,我为什么要找这么多麻烦?做这件事只不过是为了使自己感到快乐,并不是要给别人看以取悦别人的。直到那时为止,珍妮看着自己正在编织的黄色围巾每星期加长五六厘米时,还是自得其乐。

从珍妮的经历中不难看出,她生活得很幸福,而这种幸福的获得正在于,她做到了不是为了向他人证明自己是优秀的而有意识地去索取别人的认可。改变自己一向坚持的立场去追求别人的认可并不能获得真正的幸福,这样一条简单的道理并非人人都能在内心接受它,并按照这个道理去生活。因为他们总是认为,那种成功者所享受到的幸福就在于他们得到了这个世界大多数人的认可。

其实,获得幸福的最有效方式就是不为别人而活,不让别人的价值观影响自己,就是避免去追逐它,就是不向每个人去要求它。

我们人生的时间有限,所以不要为别人而活。不要被教条所限,不要活在别人的观念里。不要让别人的意见左右自己内心的声音。最重要的是,勇敢的去追随自己的心灵和直觉,只有自己的心灵和直觉才知道你自己的真实想法,除了你的心灵和直觉,其他一切都是次要的。我们无法改变别人的看法,能改变的仅是我们自己。想要讨好每个人是愚蠢的,也是没有必要的。与其把精力花在一味地去献媚别人,无时无刻地去顺从别人,还不如把主要精力放在踏踏实实做人上,兢兢业业做事上。

永远不要寄希望于他人

　　法国大文学家雨果曾写过这样一段："我宁愿靠自己的力量打开我的前途，而不愿求有力者的垂青。"在雨果看来，依赖是对生命力的一种束缚，如果处处借助他人的力量帮助自己达成目的，那就好比建在沙滩上的大厦，没有坚实的基础，一阵海浪过来，就会毁于一旦。

　　我们先来看看这样一则哲理故事，它一定会带给你很大的触动。

　　一个乞丐来到一人家门口，向正在浇花的女主人乞讨。女主人看了他一眼，说："我可以给你钱，但你要帮我把这堆砖搬到屋后面去。"乞丐一下生气了，他用左手指着自己的右边说："难道你没看见吗？我没有右手，你还叫我搬砖，如果你不想给钱就算了，何必故意刁难、羞辱我呢？"

　　女主人也不跟他多说，只用自己的左手拿了一块砖，搬到了屋后面，然后对乞丐说："你看到了，一只手照样能干活儿，我能做到，为什么你不能做到？少一只手不是可以乞讨的理由。"

　　乞丐大概是头一次听到这样的话，他一下愣住了，用异样的目光看着女主人。一会儿他便用仅有的一只左手搬起砖来，一次两块，整整花了两个小时他才把砖搬完。乞丐接过女主人给他的20元钱，很感激地说："谢谢。"女主人说："不用谢，这是你应得的工钱。"

　　一晃几年过去了，突然有一天，一个颇有气派，可只有一只手的大老板来到女主人的家。这个大老板就是当年的那个搬砖的乞丐。不过,如今他可非同寻常了,他已经是一家大型公司的总裁,今天他是专程来感谢女主人的。他说:"如果不是你当年警醒我,我现在可能还在乞讨生活,绝不会有今天的成就。"

这个故事告诉我们,做人就应该要有点自强精神,不要一遇到困难便萎靡不振,更不要把所有希望寄托在别人身上,我们必须认识到,这个世界上没有谁是我们永久的靠山,一心指望他人,那就只会靠山山倒,靠人人跑,到那时我们又会焦虑不已,感觉自己无所依附。所以我们要做的,就是让自己刚强起来,凭借自己的力量从跌倒的地方再爬起来。这样,你才能称得上活得有价值。

在这个世界上,最不值得同情的人就是被失败打垮的人,一个否定自己的人又有什么资格要求别人去肯定?自我放弃的人是这个世界上最可怜的人,因为他们的内心一直被自轻自贱的毒蛇噬咬,不仅丢失了心灵的新鲜血液,而且丧失了拼搏的勇气,更可悲的是,他们的心中已经被注入了厌世和绝望的毒液,乃至原本健康的心灵逐渐枯萎……

所以,永远不要轻言放弃!永远不要将希望寄托于他人。

你心灵的完整性不容侵犯

想要成为一个真正的人,首先必须是个不盲从的人。你心灵的完整性不容侵犯!当我放弃自己的立场,而想用别人的观点去看一件事的时候,错误便造成了。一个人,只要认为自己的立场和观点正确,就要勇于坚持下去,而不必在乎别人如何去评价。

美国的威尔逊在最初创业时，只有一台价值50美元分期付款赊来的爆米花机。第二次世界大战结束后，他做生意赚了点钱，于是就决定从事地皮生意。当时，在美国从事地皮生意的人并不多，因为战后人们一般都比较穷，买地皮建房子、建商店、盖厂房的人很少，地皮的价格也很低。当亲朋好友听说威尔逊要做地皮生意，都强烈地反对。而威尔逊却坚持己见，他认为反对他的人目光短浅，虽然连年的战争使美国的经济很不景气，可美国是战胜国，经济会很快进入大发展时期。到那时买地皮的人一定会增多，地皮的价格会暴涨。于是，威尔逊用手头的全部资金再加一部分贷款在市郊买下很大的一片荒地。这片土地由于地势低洼，不适宜耕种，所以很少有人问津。但是威尔逊亲自观察了以后，还是决定买下了这片荒地。他的预测是，美国经济会很快繁荣，城市人口会日益增多，市区将会不断扩大，必然向郊区延伸。在不远的将来，这片土地一定会变成黄金地段。

后来的发展验证了他的预见。不到三年时间，美国城市人口剧增，市区迅速发展，大马路一直修到威尔逊买的土地的边上。这时，人们才发现，这片土地周围风景宜人，是人们夏日避暑的好地方。于是，这片土地价格倍增，许多商人竞相出高价购买，但威尔逊不为眼前的利益所惑，他还有更长远的打算。后来，威尔逊在这片土地上盖起了一座汽车旅馆，命名为"假日旅馆"。由于它的地理位置好，舒适方便。开业后，顾客盈门，生意非常兴隆。从此以后，威尔逊的生意越做越大，他的假日旅馆逐步遍及世界各地。

坚持一项并不被人支持的原则，或不随便迁就一项普遍为人支持的原则，都不是一件容易的事。但是，如果一旦这样做了，就一定会赢得别人的尊重，体现出自己的价值。

现在人们生活在一个充满专家的时代，由于人们已十分习惯于依赖这些专家权威性的看法，所以便逐渐丧失了对自己的信心，以至于不能对许多事情提出自己的意见或坚持信念。这些专家之所以取代了人们的社会地位，是因为是人们让他们这么做的。

没有独立的思维方法、生活能力和自己的主见，那么生活、事业就无从谈起。众人观点各异，欲听也无所适从，只有把别人的话当参考，坚持自己的观点按着自己的主张走，一切才处之泰然。

一个人能认清自己的才能，找到自己的方向，已经不容易；更不容易的是，能抗拒潮流的冲击。许多人仅仅为了某件事情时髦或流行，就跟着别人随波逐流而去。他忘了衡量自己的才干与兴趣，因此把原有的才干也付诸东流。所得只是一时的热闹，而失去了真正成功的机会。

一个真正独立的"人"，必然是个不轻信盲从的人。一个人心灵的完整性是不能破坏的。当我们放弃自己的立场，而想用别人的观点来评价一件事的时候，错误往往就不期而至了。

我们也许可以做这样的理解："要尽可能从他人的观点来看事情，但不可因此而失去自己的观点。"

当我们身处于陌生的环境，没有任何经验可供参考的时候，就需要我们不断地建立信心，然后才能按照自己的信念和原则去做。假如成熟能带给你什么好处的话，那便是发现自己的信念并有实现这些信念的勇气，无论遇到什么样的情况。

时间能让我们总结出一套属于自己的审判标准来。举例来说，我们会发现诚实是最好的行事指南，这不只因为许多人这样教导过我们，而是通过我们自己的观察、摸索和思考的结果。很幸运的是，对整个社会来说，大部分人对生活上的基本原则表示认可，否则，我们就要陷于一片混乱之中了。保持思想独立不随波逐流很难，至少不是件简单的事，有时还有危险性。为了追求安全感，人们顺应环境，最后常常变成了环境的奴隶。然而，无数事实告诉人们：人的真正自由，是在接受生活的各种挑战之后，是经过不断追求、拼搏并经历各种争议之后争取来的。

如果我们真的成熟了。便不再需要怯懦地到避难所里去顺应环境；我们不必藏在人群当中，不敢把自己的独特性表现出来；我们不必盲目顺从他人的思想，而是凡事有自己的观点与主张。

对于生活中的我们来说，能拥有自己的完整心灵，使其神圣不受侵犯，即坚守心灵的感应，不要盲从，不要随波逐流，这是非常重要的。请一定记住：跟着别人走，你永远只能居于人后。

守住你内心的个性

对于大多数人来说，生活是平凡而又单调的，但我们要在这平凡中创造出不平凡，在单调中发掘出不单调，这就需要我们去创新，在智慧的涌动中寻求生活的快乐和幸福。创造性活动不是科学家的专利，每个人都可以进行或大或小的创造性活动。创造性活动并非高不可攀，只要我们开动脑筋，改变事物固有的模式，推出令人耳目一新的东西，就是创造。

不过有点我们必须明白，既然是创造，我们就尽量不要去模仿，虽然模仿是人类生存的本能，从出生的那一刻起我们都在模仿，但随着年龄的增长，我们都呈现出了自己的个性，这是一种必须的转变，如果说你的生命中就只剩下模仿，而彻彻底底失去了自我，那么请问：我们活着的意义究竟是什么？

有这样一个故事，读过以后或许会给大家一些启发。

八 在失去自我的体验中，再一次找到自己

从前，有个小男孩要去上学了。他的年纪这么小，学校看起来却是那么大。小男孩发现进了校门口便是他的教室时，他觉得高兴。因为这样学校看起来，不再那么巨大。

一天早上，老师开始上课，她说："今天，我们来学画画。"小男孩心想："好哇！"因为他喜欢画画。

他会画许多东西，如：狮子和老虎，小鸡或母牛，火车以及船儿……

他兴奋地拿出蜡笔，径自画了起来。

但是，老师说："等等，现在还不能开始。"

老师停了下来，直到全班的学生都专心地看着她。老师又说："现在，我们来学画花。"

小男孩心里高兴，我喜欢画花儿，他开始用粉红色、橙色、蓝色蜡笔勾勒出他自己的花朵。

但此时，老师又打断大家："等等，我要教你们怎么画。"

于是她在黑板上画了一朵花。花是红色的，茎是绿色的。"看这里，你们可以开始学着画了。"

小男孩看着老师画的花，又看看自己画的，他比较喜欢自己的花儿。

但是他不能说出来，只能把老师的花画在纸的背面，那是一朵红色的花，下面长着绿色的茎。

又一天，小男孩进入教室，老师说："今天，我们用黏土来做东西。"

男孩心想："好棒。"他喜欢玩黏土。他会用黏土做许多东西：蛇和雪人，大象及老鼠，汽车、货车，他开始揉搓那球状的黏土。老师说："现在，我们来做个盘子。"

男孩心想："嗯，我喜欢。"他喜欢做盘子，没多久，各式各样

的盘子便做出来了。但老师说："等等，我要教你们怎么做。"她做了一个深底的盘子。"你们可以照着做了。"

小男孩看着老师做的盘子，又看看自己的。

他实在比较喜欢自己的，但他不能说，他只是将黏土又揉成一个大球，再照着老师的方法做，那是个深底的盘子。

很快地，小男孩学会等着、看着，仿效着老师，做相同的事。

很快地，他不再创造自己的东西了。

一天，男孩全家人要搬到其他城市，而小男孩只得转学到另一所学校。

这所学校甚至更大，教室也不在校门口。现在，他要爬楼梯，沿着长廊走才能到达教室。

第一天上课，老师说："今天，我们来画画。"

男孩想："真好！"他等着老师教他怎么做，但老师什么也没说，只是沿着教室走。

老师来到男孩身边，她问："你不想画吗？"

"我很喜欢啊！今天我们要画什么？"

"我不知道，让你们自由发挥。"

"那，我应该怎样画呢？"

"随你喜欢。"老师回答。

"可以用任何颜色吗？"

老师对他说："如果每个人都画相同的图案，用一样的颜色，我怎么分辨是谁画的呢？"于是，小男孩开始用粉红色、橙色、蓝色画出自己的小花。

小男孩喜欢这个新学校，即使教室不在校门口。

盲目地跟从他人，你只能看到人家的后背，既看不清脚下的路，也无法看清方向，更观赏不了远方的风景，那和盲人又有什么

- 152 -

区别？画家如果拿旁人的作品做自己的标准或典范，他画出来的画就没有什么价值。如果努力地从自然事物中学习，他们就会得到很好的结果。我们的思想总是局限在学校书本中得来的，我们只有挣脱束缚，用本性去思考问题，才能取得观念上的突破。生存于现今社会，个性无须张牙舞爪地袒露在外，这样易引发他人的反感，但没有了个性，生命就会失去光彩，倘若你把整个世界弄到手，却丢了自我，那就等于把王冠扣在苦笑着的骷髅上。世界上最可怕的事情就是迷失了自我。一旦在盲从中失去了自我，那么，无论如何也是换不来成功的。

所以请记住，务必要守住心门，守住你内心的个性，这才是你创造生活的源泉，是你取之不尽用之不竭的宝库。

别让别人的意见左右你的生活

我们时常会看到，有些人好像不在自己意志的指挥之下生活，而是在别人给他划定的范围之内兜圈子。他们奉为圭臬、赖以决定自己动向的，是"别人认为怎样怎样"，"我如不这样做，别人会怎样说"，或"假如我这样做，别人会怎样批评"。不幸的是，别人的批评又是那么不一致：张三认为应该向东，李四认为应该向西，赵五认为应该向南，王六认为应该向北。你如选择其一，其他三人照样会指责你。于是，时常顾虑到"别人怎样说"的人，就只好一年到头在不知究竟怎样才好的为难紧张之中团团转，总也走不出一条路来。这种人，即使侥幸由于天生善于应付而能达到不受批评的地步，他最大的成就也不过是个不被讨厌的人物。别人所给他的最大的敬意，也不过是说他圆滑周到而已，而就他本身来说，因为他终生被驱策在别人的意见之下，一定感到头晕眼花、疲于奔命，把精力全部消耗在应付环境、讨好别人上，以致没有余力去追求自己的梦想。

其实，人生是短暂的，我们没有必要总是按别人的意愿去生活。如果自己这辈子都在听从别人的调遣，没有做过一件自己想做的事情，那无疑是一件很可悲的事情。人生的成功，不在于你为自己集聚了多少财富，不在于你有了多么显赫的地位，而在于你这辈子做自己喜欢的事情多于自己不喜欢的事情。我们每个人都有自己的追求和理想，也许这些追求和理想在很多人看来只不过是一些无稽之谈，但是只要你觉得这些事情能够办成，那最好还是不要受别人的影响。有句话说得好："真理往往掌握在少数人手里。"发明电灯前，尽管所有人都说那是天方夜谭，但是爱迪生终究把整个世界的夜晚点亮了。尽管在很久以前人能上天是一种不可能的奢望，但是今天我们的飞机还是上天了，而且飞得越来越高，甚至还飞出了地球。这些都告诉我们，不要在乎别人说什么，只要按照自己的意愿去生活，只要你觉得你可以因此得到更多的快乐，就应该一直坚持地走下去。

我们知道，生活中并没有两旁摆满玫瑰花、大门上写着"成功"的通道，生活是一种起伏不定的挣扎与奋斗。很多人都是经过艰苦奋斗，最后终于获得成功的。可贵的是在奋斗过程中，他们都能保持自己的特点，坚持走自己的路。不过按自己的意愿去生活，的确不是一件容易的事。它的不易之处就在于，想法和行动之间，隔着惰性，而惰性又是人性的一大弱点，克服的难度可想而知；它的不易之处也在于，现实生活与理想生活之间，隔着世俗阻碍，而

| 八　在失去自我的体验中，再一次找到自己 |

世俗也是不可逃脱之地，克服的难度可想而知。一个人要想按着自己的意愿生活，既要战胜自己，又要抵抗对手，这简直是不可能完成的任务。

但无论如何我们都应该克服这困难，活出个堂堂正正的自我，因为没有自我的生活是苦不堪言的，没有自我的人生是索然无味的，丧失自我更是悲哀的。因为我们活着就是为了实现自己的价值，按照自己的意愿去活，而不是为了迎合别人的意见，就像歌德所说的那样："每个人都应该坚持走他为自己开辟的道路，不为权威所吓倒，不受他人的观点所牵制。"

所以我们既然无法改变别人的看法，那就做强自己，你生活的好了，别人自然高看你。再者说，每个人都有不同的想法，不可能强求统一，讨好每个人是愚蠢的，也是没有必要的。所以我们与其把精力花在一味地去献媚别人、无时无刻地去顺从别人上，还不如把主要精力放在踏踏实实做人上、兢兢业业做事上、刻苦认真学习上。对于我们来说，按照自己的意愿去生活比什么都重要，不要在乎别人的评论，做自己想做的事情，这是作为自我走向成熟的标志。

你要谨守自己的底线

不能坚持自己原则、谨守自己底线的人，就好像墙上的无根草，随风飘摆不定，找不到自己的方向。这样的人，是得不到别人信任的，更谈不上成功。如果你自己都不确定想要什么，不要什么，别人又怎么给你呢？所以不要为了谋取小功小利而不择手段，甚至放弃自己的最后一项原则。一旦原则丧失，未来就只能任凭别人的摆布与欺骗。

有这样一则故事：

国外某城市公开招聘市长助理，要求必须是男人。当然，这里所说的男人指的是精神上的男人，每一个应考的人都理解。

经过多番角逐，一部分人获得了参加最后一项"特殊的考试"的资格，这也是最关键的一项。那天，他们云集在市府大楼前，轮流去办公室应考，这最后一关的考官就是市长本人。

第一个男人进来，只见他一头金发熠熠闪光，天庭饱满，高大魁梧，仪表堂堂。市长带他来到一个特建的房间，房间的地板上洒满了碎玻璃，尖锐锋利，望之令人心惊胆寒。市长以威严的口气说道："脱下你的鞋子！将桌子上的一份登记表取出来，填好交给我！"男人毫不犹豫地将鞋子脱掉，踩着尖锐的碎玻璃取出登记表，并填好交给市长。他强忍着钻心的痛，依然镇定自若，表情泰然，静静地望着市长。市长指着大厅淡淡地说："你可以去那里等候了。"男人非常激动。

市长带着第二个男人来到另一间特建房间，房间的门紧紧关着。市长冷冷地说："里边有一张桌子，桌子上有一张登记表，你进去将表取出来填好交给我！"男人推门，门是锁着的。"用脑袋把门撞开！"市长命令道。男人不由分说，低头便撞，一下、两下、三下……头破血流，门终于开了。男人取出登记表认真填好，交给了市长。市长说道："你可以去大厅等候了。"男人非常高兴。

就这样，一个接一个，那些身强体壮的男人都用意志和勇气证明了自己。市长表情有些凝重，他带最后一个男人来到特建房间，市长指着房间内一个瘦弱老人对男人说："他手里有一张登记表，去把它拿过来，填好交给我！不过他不会轻易给你的，你必须用铁拳将他打倒……"男人严肃的目光射向市长："为什么？""不为什么，这是命令！""你简直是个疯子，我凭什么打人家？何况他是个老人！"

男人气愤地转身就走，却被市长叫住。市长将所有应考者集中在一起，告诉他们，只有最后一个男人过关了。

当那些伤筋动骨的人发现过关者竟然没有一点伤时，都惊愕地张大了嘴巴，纷纷表示不满。

市长说："你们都不是真正的男人。"

"为什么？"众人异口同声。

市长语重心长地说道："真正的男人懂得反抗，是敢于为正义和真理献身的人，他不会选择唯命是从，做出没有道理的牺牲。"

我们是不是应该从中感悟到点什么？人的成功离不开交往，交往离不开原则。只有坚持原则的人，才能赢得良好的声誉，他人也愿意与你建立长期稳定的交往。坚持原则还使人们拥有了正直和正义的力量。这使你有能力去坚持你认为是正确的东西，在需要的时候义无反顾，并能公开反对你确认是错误的东西。

坚持原则还会给一个我们带来许多，诸如友谊、信任、钦佩和尊重等等。人类之所以充满希望，其原因之一就在于人们似乎对原则具有一种近于本能的识别能力，而且不可抗拒地被它所吸引。

那么，怎样才能做一个坚持原则的人呢？答案有很多，其中重要的一个是：要锻炼自己在小事上做到完全诚实。当你不便于讲真话的时候，不要编造小小的谎言，不要在意那些不真实的流言蜚语，不要把个人的电话费用记入办公室的账上，等等。这些听起来可能是微不足道的，但是当你真正在寻求并且开始发现它的时候，它本身所具有的力量就会令你折服。最终，你会明白，几乎任何一件有价值的事，都包含着它自身不容违背的内涵，这些将使你成功做人，并为自己坚持原则而骄傲。

九

婚姻如棋，静心走好每一步

一场婚姻一盘棋，棋子抓在你的手中，如果局势陷入了困境，就应该冷静地歇息一下，好好思考下一步该如何走。

婚姻如棋，只有和棋而无赢家

精通下棋之道的人都会明白，对弈者往往全神贯注又彼此互不相让，有时争得脸红脖子粗，甚至常有掀翻棋盘又和好重来的场景，颇有某种象征意味，其实下棋的过程和形式与婚姻有些相似。

婚姻如棋，对弈的永远是一男一女。两个人从相识到相爱，就是在茫茫人海中寻觅下棋对手的过程。当男女双方在鞭炮的祝福声中步入婚姻的围城，彼此的对弈就已经拉开帷幕。男人的第一步棋就是想如何讨得女人的欢心，而确定自己在社会家庭中的地位；而女人的第一步棋则是，怎样向自己所爱的人展示自己独特的魅力，让自己既美丽又动人。经过多次的反复较量，彼此开始摸透了对方的棋艺，于是，一些男人开始以攻为守，从奴隶晋升到将军，而一些女人则以守为攻，从主人变成仆人。

有一幅漫画，极其形象生动地再现了婚后男女心态的变化。婚前，一个男人晴天打着伞去追女人；婚后一个女人雨天抱着孩子追赶着打伞的男人。这就是一盘棋的一个过程。

在对弈的过程中，有的女人往往故意让男人一招，然后趁其洋洋得意时，瞅准时机，将男人置于"死"地而后快；有的男人往往装方圆，然后趁对方放松警惕时而奋力出击。在彼此较量的过程中，出现了成功的男人和女人，而其中的奥妙却是，女人的贤惠为男人的成功架起了一道云梯，而男人的无情则为女人的成功奠定了基石。

男女双方在对弈的过程中彼此改变和影响着对方，于是，出现了这样的情景：堕落男人的身后往往有一个贪婪的女人，女人在对物欲的贪婪中，将配偶送进了牢房；成功女人的背后往往有一个愚蠢的男人，男人在对婚姻的伤害中，将配偶推上了令人瞩目的排行榜。婚姻如棋。在男女相互拼杀的过程中，往往会发生戏剧性的变化：当男人想征服女人时，自己却稍不留神成了手下败将，当女人想输掉一局时，自己却占了明显的优势。正所谓有心栽花花不开，无心插柳柳成荫。

有人在下棋的过程中相信智能，认为如何下好婚姻这盘棋至关重要；有人相信命运，认为是胜是败都无法预测。每一个人都无法避免或逃避这场令人瞩目的两性战争，在这场战争中，愚蠢者想速战速决，聪明者则力求打持久战。在你来我往的交战中，凡是相濡以沫的夫妻只有和棋而无赢家，放弃了胜负心。在方圆相处中，婚姻幸福地走到尽头。

别把爱情理想化

现实生活中女人寻找的是"白马王子"，男人寻找的则是才貌双全的"人间尤物"，他们寄予爱情与婚姻太多的浪漫，这种过于理想化的憧憬，使许多人成了爱情与浪漫的俘虏。

其实，十全十美的人和事在现实生活中根本不存在，倘若你真的要去抓住这种乌托邦式的梦，那你会让自己劳而无功。

小祁、圆圆、蕊儿是好得不能再好的闺中密友，三人中小祁长得最美，蕊儿最有才华，只有圆圆各方面都平平。三个人虽说平时好得恨不能一个鼻孔出气，但是在择偶标准上，三个人却产生了极大的分歧。小祁觉得人生就应该追求美满，爱情就应该讲究浪漫，如果找不到一个能让自己觉得非常完美的爱人，那么情愿独身下去。而蕊儿则觉得婚姻是一辈子的大事，必须找一个能与自己志趣相投的男人才行，只有圆圆没有什么标准，她是个传统而又实际的人——对婚姻不抱不切实际的幻想，对男人不抱过高的要求，对人生不抱过于完美的奢望，她觉得两个人只要"对眼"，别的都不重要。

后来，圆圆遇到了陈军，陈军长相、才情都很一般，属于那种扎在人堆里就会被淹没的男人，但他们俩都是第一眼就看上了对方，而且彼此都是初恋的对象，于是两个人一路恋爱下去。对此小祁和蕊儿都予以强烈的反对，她们觉得像圆圆这样各方面都难以"出彩"的人，婚姻是她让自己人生辉煌的唯一机会，她不应该草率地对待这个机会。但是圆圆觉得没有人能够知道，漫长的岁月里，自己将会遇见谁，亦不知道谁终将是自己的最爱，只要感觉自己是在爱了，那么就不要放弃。于是圆圆23岁时与陈军结了婚，25岁时做了妈妈。虽说她每天都过得很舒服，很幸福，但她还是成为了女友们同情的对象，小祁摇头叹息："花样年华白掷了，可惜呀！"蕊儿扁着嘴说："为什么不找个更好的？"

当年的少女被时光消耗成了三个半老徐娘，小祁众里寻他千百度，无奈那人始终不在灯火阑珊处，只好让闭月羞花之貌空憔悴；而蕊儿虽然如愿以偿，嫁给了与自己志趣一致的男士，但无奈两个人虽同在一个屋檐下，却如同两只刺猬般不停地用自己身上的刺去扎对方，遍体鳞伤后，不得不离婚，一旦离婚后，除了食物之外她找不到别的安慰，生生将自己昔日的窈窕，变成了今日的肥硕，昔日才女变成了今日的怨女；只有圆圆事业顺利，家庭和睦，到现在竟美丽晚成，时不时地与女儿一起冒充姐妹花招摇过市。

| 九　婚姻如棋，静心走好每一步 |

　　小祁认为完美的爱人、浪漫的爱情，能使婚姻充满激情、幸福、甜蜜，其实不然，完美的爱人根本就是水中月镜中花，你找一辈子都找不到，况且即使你找到了自己认为是最美满、最浪漫的爱情之后，一遇到现实的婚姻生活，浪漫的爱情立刻就会溃不成军，因为你喜欢的那个浪漫的人，进了围城之后就再也无法继续浪漫了，这样你会失望，失望到你以为他在欺骗你；而如果那个浪漫的人在围城里继续浪漫下去，那你就得把生活里所有不浪漫的事都担持下来，那样，你会愤怒，你以为是他把你的生活全盘颠覆了。

　　蕊儿自视清高，把精神共鸣和情趣一致作为唯一的择偶条件，她期望组织一个精神生活充实、有较强支撑感的家庭，她希望夫妻之间不仅有共同的理想追求和生活情趣，而且有共同的思想和语言。可是事实证明她错了，她的错误并不在于对对方的学识和情趣提出较高的要求，而在于这种要求有时比较偏狭和单一。实际上，伴侣之间的情趣，并不一定限于相同层次或领域的交流，它的覆盖面是很广泛的，知识、感情、风度、性格、谈吐等都可以产生情趣，其中，情感和理解是两个重要部分。情感是理解的基础，而只有加深理解才能深化彼此间的情感，双方只要具备高度的悟性，生活情趣便会自然而生。

　　圆圆的爱也许有些傻气，但是恰恰是这种随遇而安的爱使她得到了他人难以企及的幸福。爱情中感觉的确很重要，感觉找对了，就不要考虑太多，不然，会错过好姻缘的。将来的一切其实都是不确定的，不确定的才是富于挑战的，等到确定了，人生可能也就缺少了不确定的精彩了。圆圆很庆幸自己及时把握了自己的感觉，青春的爱情无法承受一丝一毫的算计和心术，上天让圆圆和陈军相遇得很早，但幸福却并没有给他们太少。

　　那些像圆圆一样顺利地建立起家庭的青年，似乎都有一个共同的心理特征，即方圆而为，率性而立，他们敢于决断，不过分挑剔。爱情中的理想化色彩是十分宝贵的，但是理想近乎苛求，标准变成了模式，便容易脱离生活实际，显得虚幻缥缈。

你要找她（他）谈谈

因为婚姻中的男女来自两个不同家庭，有着不同人生观、价值观，客观存在的差异难免会使他们在共同的生活中产生一些摩擦，如果不能及时进行深入的沟通，那么"小摩擦"就会变成大矛盾。

首先，为了避免蓄积恶性能量，夫妻双方一定要选择好时机，巧妙而策略地进行交流沟通。不少中国夫妻却把意见、不快压抑在心里，其实，相互闭锁只能导致误会加深，长期压抑等于蓄积恶性能量，一旦爆发，破坏性更大。

不同内容的交流沟通，对时机的选择有不同的要求，比如交流沟通不愉快的话题，或想提出意见，在时机的把握上，就要动一下脑筋。千万不要在丈夫或妻子心情不好时提出来，特别是当男人劳作一天之后，回到家里，最想得到的就是轻松愉快的心境，此时的女人最好不要提起不愉快的事情。男人喜欢事情过去就不再提起，你最好不要动不动重提令人烦恼的旧话，即使有老账也不要这个时间算，因为据婚恋专家讲，此时是容易爆发"战争"的敏感时间。如果此时你能制造出一种愉快的气氛，让两人一起回忆幸福的往事，将会度过一个美好的夜晚。

如果你对他有意见，想跟他吵架，千万不要当着同事、朋友的面或当着孩子、他父母的面，这样做的结果只能是两败俱伤。男人多数

| 九　婚姻如棋，静心走好每一步 |

都很重视自己的尊严和面子，所以你应注意自己的行为对他造成的感受，不要在大众面前伤了他的自尊。还是多注意一下自己在外人和他的同事面前的言行为好，尤其不要大事小事都想找他的父母、同事、朋友或领导反映。

即使掌握了以上的原则，夫妻之间仍然会有摩擦，也会有"冷战"，这时，夫妻之间一定要有一方站出来，寻找合适的时机进行沟通。但是，现实中却很难有一方首先来寻求交流的，这是因为，一是夫妻间的冷战给双方造成了心理压力，另一点是"冷战"后双方都渴望与对方沟通，只是碍于面子谁也不愿主动打破僵局，仿佛谁主动谁就是"冷战"的肇事者。其实，对于夫妻来说原本不该有这么多的顾虑，想想当初恋爱时的"一日不见如隔三秋"和相互关爱，没什么是沟通不了的。有了摩擦都较着劲不理对方，久而久之，真的可能会使对方习惯了没有你的日子，以致于分道扬镳，也不是不可能。

只要还想维持婚姻关系，并且希望婚姻生活幸福美满，就必须有一方要首先开始交流沟通，丈夫作为男人，尤其要勇于担起这副重担。有一对关系还不错的夫妻某天闹了别扭，接下来谁也不理谁，过了几天后，妻子回家推门看到以前井井有条的家像遭了贼一样，东西乱七八糟摆了一地，卧室的门敞开着，丈夫跪在地上不断地从柜子里向外扔东西，越扔越急的样子好像是在找一件很重要的东西。妻子忍不住问丈夫："你在找什么？"丈夫猛然回头回答道："我在找你的这句话。"小小的插曲使妻子明白丈夫的良苦用心，夫妻终于讲和了。

其次，因为男人天生不太喜欢用言语表达思想和情感，所以应当着重加强这方面的训练。

做丈夫的切莫仅仅认为沟通不过是说说话而已，其实里面大有学问，在与妻子谈话时，最好不要忘记以下几点：

1. 常常回忆恋爱时两人在一起谈话的情形，在婚后仍然需要表现出同样程度的爱意，尤其要将你的感受表达出来。

2. 女人特别需要跟她认为深深关怀呵护她的人谈话，以表达她对事物的关切与兴趣。

3. 每周有 15 个小时与另一半单独相处，试着将这段时间安排得有规律，成为一种生活习惯。

4. 多数女人当初是因为男人能挪出时间与她交换心里的想法与情感，才爱上他的。如果能保有这样的态度与心意，继续满足她的需求，她的爱就不会褪色。

5. 如果你认为抽不出时间单独谈话，多半是因为你们在安排事情的轻重缓急上有问题，同时在设定的谈话时间里，最好不讨论家庭的经济问题。

6. 不可以利用交谈作为处罚对方的方式(冷嘲热讽、称名道姓、恶语相向，等等)，谈话应该具有建设性而不是破坏性。

7. 不要用言语来强迫对方接受你的思考方式，当对方与你想法不同的时候，要尊重对方的感受与意见。

8. 不要将过去的伤痛提出来刺激对方，同时要避免僵持在目前的错误里。

9. 配合对方有兴趣的话题，也培养自己在这方面的兴趣。

10. 谈话之间也要有平衡的，避免打断对方的谈话，试着把同样的时间留给对方来发言。

婚姻中的沟通应该是双向的，不要总是有了嘴巴没有耳朵，只有彼此尊重，互相倾听的沟通才是有效的沟通。

要幸福就别太计较

　　两个再好不过的恋人，也是两个独立的"世界"。这两个完全独立的个体，只能互相映照，互相谅解，最大可能地去异求同，而绝不可能完全重合为一。鉴于此，为使小家庭里爱情之花常开不萎，都能开开心心地去从事社会工作，就要从互相映照、互相谅解和去异求同上下工夫，就这是维系家庭和睦的真谛所在了。但令人烦恼的是，这两个相爱的人，却往往表现出极为强烈的不信任，总想把对方了解得一清二楚，总想让对方按照自己的意志行事，总怀疑对方对自己的忠贞。有理论家把这类现象，归纳为由于"爱"而产生的恐惧症，是获得之后的最不愿意失去。对于控制对方，无论男人还是女人，都有自己的一套方式方法：尤其是女人，最容易表现出不容对方喘息的执着。

　　在现实生活里，因为丈夫的拈花惹草，或者只是怀疑丈夫另有第三者，于是争吵、纠缠中自杀殉情的也大有人在。在恋爱、婚姻的问题上，男人往往比女子想得开些，真发现妻子在感情上有问题，自己觉得窝囊，阳刚之气涌上来，索性来个一刀两断者有之；也有怕以后娶不上媳妇或为了孩子的，只劝女子改过了之，岁月长着呢，时过境迁的时候也是有的，说不准夫妻俩又恩爱如初，小日子真就红红火火地过起来了呢！

　　婚姻生活就是如此，要得到幸福就不可太计较，否则就只能尝到苦涩和泪水。

过去的就让它过去

有很多人在经历了爱情的失败之后,迟迟无法接受下一段美好的爱情,究其原因,往往是因为这些人总是把已经离开了自己的初恋情人当成了心目中的偶像,看作是自己以后择偶的标准,每当面临再次选择时,他们就常常有意无意地把新的对象和以前的恋人进行比较,这种比较对新的对象来说是不公平的,因为对于大多数人来说,越是得不到的东西,越是弥足珍贵,所以一段失败的感情,反而成就了那个昔日情人在他们心中的高大形象,他们在内心深处难以抹去被美化了的初恋情人的幻影,因而会产生对后来者的失望和百般挑剔,导致爱情更加不顺利,加重自己的自卑和自伤的心理。

也有的人对爱人以前的爱情经历耿耿于怀,他们总喜欢对对方过去的爱情经历刨根问底,在想象中塑造着对方往日恋人的形象,然后拿来和自己反复做着比较,在这种比较中,常常会产生嫉妒、愤怒、自卑等消极情绪,从而构成对自己目前恋情的致命威胁。所以,在爱情的选择中方圆一点对自己也不会有太多的害处。

姚宁和紫琼两个人的感情一直都很稳定,可是大学毕业后,紫琼去了美国留学,姚宁考虑到自己的事业在国内更有前途,所以根本就没有去国外的打算,而紫琼又不想很快回国,所以两个人经过协商,友好地分手了。

一次偶然的机会,一名叫李晓会的女护士闯进了姚宁的视线,经过长时间的观察，姚宁觉得这个女孩非常适合做自己的妻子，于是在他的狂热追求下，李晓会终于成了他的恋人。

为了避免不必要的麻烦，姚宁从未对李晓会说起自己过去和紫琼的那段恋情。而姚宁和李晓会的感情也越来越热烈，甚至到了谈婚论嫁的地步。

可是，有一天，姚宁的一位大学同学从外地来这里出差，晚上在饭店为老同学接风的时候，姚宁带李晓会一起去了。由于久别重逢，姚宁和那位老同学都感到很兴奋，于是两个人都喝得有点过了，那个老同学忽略了李晓会的感受，对姚宁说，他们这些老同学都对姚宁和紫琼的分手感到十分遗憾，因为紫琼是那样才华横溢，将来肯定能在事业上大有作为，老同学原本都以为他们俩是天造地设的一对，在事业上一定会是比翼双飞。

虽然那位老同学也说，李晓会的漂亮和善解人意都是紫琼所无法比拟的，但是这丝毫没有减轻李晓会心中的痛苦，她为自己成了紫琼在姚宁心目中的替代品而感到可悲。

所以那天回来后，李晓会跟姚宁大闹了一场，尽管姚宁百般解释自己是一心一意地爱着她的，但是在李晓会的心目中还是从此产生了疙瘩，在以后两个人交往的过程中，李晓会处处自觉或不自觉地拿紫琼说事。

一次，姚宁要去美国出差，李晓会一边帮他收拾行李，一边问："就要见到紫琼了，心情一定很激动吧？"当时姚宁正急着整理去美国要用的一些资料，就没顾得上搭理李晓会，这让李晓会更加误会了，她又说："好马也吃回头草，如果现在紫琼还是一个人的话，你们这次就在美国破镜重圆了吧。"

这时，姚宁不耐烦地说了一句："你怎么又拿紫琼说事，烦不烦啊！"不料，李晓会脸色大变："我学历低，能力差，不能和你比翼齐飞，你当然烦我了，要烦了就明说，别遮着捂着，搞那一套此地无银的伎俩，我不是那种没有自尊、非要赖上一个男人不可的人。"说着转身离去了。

由于第二天就要启程去美国，所以姚宁就想等回国后再去找她解释，可是令他没有想到的是，等他回国后，她已经火速地经别人介绍认识了一个男朋友，她对他说："我现在的男朋友各方面都不如你，我这么争着另找一个人，也是为了逼自己坚决离开你，我必须自己断了自己的回头之路。

恋人的前一段感情往往容易导致后来者惦记那个离恋人而去的人，他或她不但自己对以往的人或事耿耿于怀，而且更不断地提醒恋人："永远不要忘记。"如此一来，那个原本已经成为了过去的、跟现在毫不相干的人便长期纠缠在两个人的爱情生活中，最终导致爱情危机。

其实，当初男肯娶女肯嫁，都代表着对对方相当的肯定，至少在结婚之初，大家确认对方是自己可以相守一生的伴侣。婚姻是既实在又琐碎的，激情消失之时，双方缺点暴露无遗，此时，切不要拿他（她）恋爱时的模样与现在相比，更不要拿别人跟他（她）比。

爱情不是拿来做考验的

人们对爱情常常怀有恐惧，总担心自己遇到的不是真爱，于是想尽了办法考验对方，希望证明自己是对方的最爱，但这并不是一个好习惯，有时候它甚至会断送你一生的幸福。

九　婚姻如棋，静心走好每一步

楠和枫是一对恋人，枫常对楠说："看我们的名字，就知道我们是注定要在一起的！我会永远爱你！"楠很幸福地拥抱着枫，觉得自己是世界上最幸福的女人。

但在内心里楠对枫很不放心，枫高大帅气，最主要的是工作使他常会接触到一些年轻女孩，楠担心自己会失去枫。

一天，楠的远房表妹来找她，说自己分到了未来姐夫的厂里，楠觉得这是一个考验枫是否忠贞的好机会。于是她就请求表妹装作不认识她，然后主动追求枫，看他是否动心，表妹答应了她的请求。

一段时间后，表妹跑来找楠，告诉她枫真的很可靠，自己百般追求，都被他严辞拒绝了，楠终于松了口气，正当二人说笑时，门突然被推开了，一脸愤怒的枫就站在门外。

枫宣布和楠分手，楠哭得死去活来，她知道自己有点过份，可这都是因为爱他啊！枫则恨恨地告诉朋友："楠根本没有资格这么做，她的做法让自己受到了侮辱，自己永远也不可能再原谅她！"

一对爱侣竟然因为一场试验爱情的游戏而分手，我们能说枫太过于小肚鸡肠吗？不！无论是谁遇到这种情况都会非常愤怒的。楠的做法可以理解，却无法让人原谅，她不信任爱人也轻视了爱情。要记住我们没有任何资格试验爱情，只能真诚地守护它，不相信爱情的人，注定会伤害到自己。

女人都希望自己在爱人心目中的地位是独一无二的，所以她们常常喜欢比较。但是，女人不要总试图和他重要的亲人比较，不要总怀疑他的真心，不要以世人皆难的问题来考验疼爱你的人，因为它会深深地刺痛爱人的心。

试想一下，如果像楠考验枫这样，确实不是一件明智之举。生活中并不是每个男人都有机会证明自己的真心的，如果因为一个荒唐的考验，就对爱人心生芥蒂，那么这实在是一件令人遗憾的事。

爱情的基础就是信任，互怀猜疑的爱情永远不可能长久，不要考验爱情，是不是真爱你只能用心感受。

亲密也要有间

　　人与人的交往忌讳零距离，夫妻之间的相处同样忌讳这种零距离，虽然夫妻之间的关系很亲密。所以，在你与爱人相处时，一定要给对方留一点空间。彼此有一点朦胧感才更具吸引力，把对方看的太清楚了，反而会失去更为美好的东西。

　　曾经有一对恩爱的夫妇，他们的关系非常好，可以说是如胶似漆，周围人都很羡慕他们。丈夫每天都会去妻子的公司接她回家，妻子公司的职员们都说她找到了一位好丈夫。但就是这样的夫妻最后却分道扬镳了，理由就是妻子认为丈夫的举动限制了她的自由，让她觉得丈夫不信任自己，感到自己就像个囚徒，时时在丈夫的监视之下。因此决定离开丈夫，拥有属于自己的空间。

　　两个人如何相处是个很大的学问，如何把握尺度是每一对伴侣必然遇到的问题。如果对伴侣过于限制，那么对方就会感到压抑，感到自己失去了自由，所以夫妻之间应该给彼此留一点空间，让伴侣能够更轻松愉快地与你相处。

　　有一位很爱丈夫的妻子，她觉得既然自己很爱丈夫，那么就应该无微不至地关怀他，从衣食住行到工作与交际，甚至丈夫有几个朋友，他们与丈夫联系了几次，都谈了些什么等等，事无巨细，她都要过问。在她看来，这才是真正亲密无间的体贴的爱。由于操心太多，

九　婚姻如棋，静心走好每一步

她不但容颜憔悴，而且工作时常常神情恍惚。

丈夫起初很感激妻子的细致与温情，然而，渐渐地他开始觉得有些厌烦，感觉到妻子对自己干预太多，信任太少，与妻子渐渐疏远，他对妻子说："你能否给咱们各自一点空间？你操那么多闲心，所以才总是显得很劳累。家庭就是一个舒适的放松之地，为什么要把咱俩都搞得那么紧张呢？"

妻子听了感到很痛苦，她不明白为什么自己这样的深情却换不回来丈夫的真心？偶尔翻一本书，上面有这样一句话："好的爱情是不累的。"于是她幡然醒悟，明白了夫妻间必须留有一定的距离，不要使双方感到透不过气来。但是间距要适中，太远，"听"不见对方爱的呼唤；太近，"看"不到对方情的流盼。

有人用刀与鞘来比喻生活中的夫妻，说如果刀与鞘天天粘在一起，一点多余的自由和独立的空间都不给对方，那么最后就可能完全锈死了。虽然从外面看还是有一个完整的形象，但是实际上早已经名存实亡，夫妻之间也是如此。如果彼此间没有独立的心灵空间，就会使爱情窒息而亡。

有很多人高喊捍卫爱情纯洁的口号，将爱人紧紧绑在自己的视线之内，唯恐其越雷池半步，用这种方法维持下去的婚姻，好像是把家庭建成了一座不透风的监狱，而爱人就成了囚在狱中、被判了无期徒刑的犯人，人生来谁不渴望自由，所以狱中的人总想出逃，这种做法等于是亲手将爱情送进了坟墓。

天长地久的爱，不是用誓言来为对方戴上手铐，而是用信任把他释放。真正的爱情无须你去限制，对方从爱上你的那一刻起，就已经没有了绝对的自由，因为对方心里牵挂着你，默默信守你们彼此的承诺，天涯海角总是思念着你，对方的身心被你占据着，这岂是全然的自由？在爱中，不要以为只有完全放弃了自己的自由，才是对爱情的忠贞。

爱情需要好好珍惜，好好把握，需要给爱留一个适度的空间，这样婚姻才能圆圆满满。据生物学家研究表明，豪猪喜欢群居，当它们为了取暖聚集在一起时，它们习惯性地希望贴得密无间隙。但它们身上的刺，使它们只得保持靠近但不紧贴的状况。很快，豪猪们发现，保持适当的距离，给彼此一点空间，其实益处很大：它既保证了它们不会因挤得密不透风窒息而死，也让它们拥有足够的温暖。"靠近但不紧贴"，这就是豪猪给予我们人类在爱情与婚姻中的启迪。

夫妻在一起时，并不是非要不停地说话，才能显示彼此情感的热烈。有的时候，夫妻也需要一点沉默，他们同处一个屋檐下，虽然各自忙碌着各自的事，但情感却可以通过空气、安谧的氛围、偶尔的交谈，在整个房间里传递。无言不等于无情，不说话也不代表遗忘。你陪在我的身边，活在我的记忆里。闻着彼此的气息，我们已经心领神会了我们的爱情，所以沉静也是一种美丽和多情。

还有人与人相处，应该允许对方有自己的隐私和秘密，即便是夫妻间也是如此，每个人的心里都有一片不可触碰的圣地，人人都有不愿回忆的往昔，人人都有无法或暂时不想对配偶言及的事，假如它的存在无关大局，不影响现在的夫妻情感，那就让它躺在全封的记忆里吧。

生活枯燥，就给爱情加点佐料

　　人们常会发现恋爱中培养出的感情，很快就会被实在的生活消磨得面目全非，这是因为恋爱与现实生活的具体、琐碎是没法联系到一起的。而婚姻则相反，它很少和浪漫联系在一起，倒是和穿衣、吃饭、睡觉、数钱等等如影随形。如果我们不学会从生活中寻找情趣，那爱情就真的很难天长地久。

　　你成家了，早晨起来，得准备两个人的早餐。如果有了孩子，你还得照料孩子的吃穿。然后送孩子上幼儿园或打发他去上学。你还得惦记着晚餐吃什么。家里时常会缺这缺那，你得去张罗。需要用钱时，碰到手头拮据，你得四方筹措。居家过日子，油盐酱醋、吃穿住行，缺什么可都是不行的。有时候，这些事真是令人很烦恼的，甚至使你心灰意懒，无精打采。此时，你恐怕难得有兴致去谈感情问题吧！

　　但是现在有的人在刚结婚时，对婚姻生活有一种新鲜感，对过家庭生活很有热情，俗语说就是很有"心气儿"。但日子久了，新鲜感便消逝了，总觉得今天像是昨天的翻版，明日仍是今日的写照。人一旦找不到生活的鲜活感，就会变得机械，甚至麻木。常常见诸报端杂志的关于家庭生活的讨论，经常有这样的题目，比如"生活的激情哪里去了"、"机械程式的日子使人麻木"等等。在这种心态下，本来平淡的日子就会过得更没意思，过得提不起精神来。实际上，生活虽然平淡，但仍然是能够在平淡中过出情趣的，这主要看我们对生活取什么样的态度。

　　张东与秀芝两人本是大学同学，热恋了四年才迈入婚姻殿堂的。但婚后两人的感情却渐渐降温，现在更是接近冰点，有时两人一天也说不上几句话，张东甚至开始怀疑是否真的与秀芝相爱过。有一天，张东去书店买书，突然看到一本关于婚姻生活的书，他这才知道婚姻是需要保鲜的，而过去自己在这方面做的实在少得可怜。回到家时，妻子正在厨房炒菜，望着妻子的背影，他突然走过去从背后抱住了她，妻子僵了一下轻轻挣开他，晚饭时妻子的眼里多了一抹好奇。有一天，张东加班很晚才到家，妻子黑着脸坐在沙发上等他，看到妻子要发火，张东居然脱口就说了一句"我爱你"！妻子愣了半天，突然哭了，然后感叹地说："好久都没有听到你这么说了！"从那以后，两人的关系有了很大改善，家里的欢声笑语又多了起来。张东很高兴，他决定再接再厉，让两人重回旧日的甜蜜。情人节的那一天，张东故意早早出门，装出一副忘了情人节的样子。中午他让花店送去了一大束红玫瑰，并附上了"爱你到永远"的字条，自己则守在妻子公司的门口，没一会儿手机就响了，"花是你送的吧？同事们都羡慕死我了！不过你坏死了，早上还装成什么都不知道的样子！""呵呵，这才叫惊喜呢！嗯，就让你同事更羡慕你一下吧，马上跟你们领导请假，我要带你去吃大餐，我在你们公司门口呢！"妻子一听高兴得对着电话大叫了一声"我爱你"！挂断电话，张东知道自己成功了！

　　婚姻放太久了也会变质的，所以我们必须时不时的给婚姻保鲜，比如像故事中的张东那样，给妻子制造一些浪漫的惊喜，保证让婚姻立刻鲜活起来，生活中的一些夫妻，也很懂得从平实的生活中寻找情趣。比如，有的夫妻，在周末抛开一切家务，一家人到郊外踏青，身心俱爽。有的夫妻在感觉需要调节情绪时，干脆分开居住一段时间，重新感受一下一个人的生活。有的夫妻在节假日里，或将孩子安顿在娘家，或把孩子放在亲朋好友家，俩人外出旅游数日，共同享受一下闲暇和轻松。这些方式，只要对于调剂单调的生活有益处，都是不应非议的。只是像分开居住、外出旅游等，由于限于条件，只能是偶尔为之。

为了使婚姻增添情趣，就要在共同的生活中去做一个有心人。

做有心人，就是要在平淡的日子里，善于发现对方的心理需求，在恰当的时候制造出一种气氛，一份惊喜，一些安慰。比如，丈夫忙完工作忙家里，早就不提过生日的事，或者根本就把这事给忘了。可有一天当他回到家里，见妻子准备了生日蛋糕，幽幽的烛光照得屋子里一片温馨，他的心里该是多么感激和温暖啊！再比如，"三八"节到了，丈夫买一束鲜花送给妻子，妻子获得这意外的礼物，同样会心生暖意。

但生活中，有的人完全把自己局限于具体的生活事务中，有意无意地挤掉了可以生存和发展的一些情调。妻子的生日到了，丈夫兴冲冲地买了一束鲜花献上，可妻子却怪丈夫买花太贵，责怪丈夫为什么不用买花的钱去买一些肉食蔬菜。一句责怪的话，就可能浇灭丈夫的热情，浇灭本该有的一点浪漫。像这类事情虽不大，可如果接二连三地出现的话，丈夫哪还有兴致再去搞这种制造情趣的"游戏"呢！

我们不能总是消极地过着婚姻生活，这样我们只会感到单调烦躁，而是应该以积极的姿态去面对生活，挖掘生活的乐趣，这样才能使婚姻更幸福，让日子常过常新。

维持婚姻不难，只要一个人肯做"呆子"

其实仔细想想，男人的爱情誓言差不多全是捉襟见肘的，如果女人认真起来，略作考证便可将男人豪壮又温馨的空口许诺批驳得片甲不留，但是女人竟相信和默认了它，这体现了女人的精明。女人对男人的诺言不作批驳，只从他那一堆堆的爱情诺言里寻找被爱的温暖和幸福。

婚姻不是给人欣赏的，幸福或不幸福，是自己独修的学分，别人成功的经验或失败的经验，只可参考，帮不上太大的忙，否则全世界的婚姻早就桩桩幸福了。有时即便是自己曾经失败的经历都无法给自己的后来实践充当借鉴，美国著名影星伊丽莎白·泰勒一生结过八次婚，已经八十高龄的她还没有放弃对爱情的追寻，就是对此的一个绝好佐证。

研究科学需要智慧和才华，而经营婚姻则需要愚笨和迟钝。其实，维持婚姻不难，只要一人肯做"呆子"，如果两个人都肯做"呆子"，那么婚姻会更为美好。

燕燕从小就是个受人宠爱的孩子，聪明、漂亮、进取心强，上学的时候顺风顺水，成绩优秀得让人羡慕。大学毕业的时候，她立志支援贫穷落后地区，所以去了一个偏远的山区当了一名中学老师。可是，很快她就发现，自己以前对生活的想象是多么可笑。她不习惯当地的生活，忍受不了当地恶劣的气候和自然条件。在上大学的时候。学校里有很多男生追她，可她没看得上他们中的任何一个，那时她的

| 九 婚姻如棋，静心走好每一步 |

眼光太高，她把爱情憧憬得太美妙了，所以她从来没有切身感受到爱情的甜蜜。

暑假回家探亲时，亲戚为她介绍了一个男朋友，他叫高岩，高高的个头，曾经是校篮球队的队长，人长得也很潇洒，虽然燕燕过去遇到过很多比他更优秀的男人，但毕竟是错过了的，而这时她已经变得现实了许多，她知道这是现在最好的选择了。

就这样，他们自然而然走到了一起。后来在高岩父亲的关照下，燕燕也被调回来了。不久他们就结了婚。婚后的日子很甜蜜，但是燕燕还是不满足，她想出国留学，等到她真的接到国外大学的入学通知书时，许多亲朋好友都劝她要慎重考虑，不要匆忙作决定，他们认为时空的距离可能会影响她和高岩的爱，但是燕燕不以为然，她相信自己，更相信高岩。

就这样，结婚不到一年的燕燕只身飞往了异国他乡。刚开始，小夫妻俩还每隔三五天通一次电话，亲热得就像天天在一起时似的。可时间一长，先前的亲密便开始悄悄减退，而且每次通电话，燕燕总是感受到电话那端有别的女人的气息。虽然高岩从来就没有提过这个女人，燕燕也从来没有听过她的声音，但燕燕确确实实地感受到了她的存在。燕燕独在异乡，非常渴望来自家庭的温暖，可她怎么也没想到来自第三者的威胁让她身心彻骨冰凉。她决定马上回国探个究竟。

由于回国之前没有给家里打电话。所以当她出现在家里的时候，迎接她的是高岩那张苍白的脸以及躲藏在他身后的那个女人，当时燕燕很镇静，只是觉得那个女人无论从哪个方面都比自己逊色很多。

燕燕一句话也没说，转身拖着行李箱回了娘家。之后的日子，她不吃不喝，静静地躺在床上，两眼望着天花板发呆。脑子里始终萦绕着一个问题："我该怎么办？"

高岩天天都过来看望她，看到她伤感和憔悴的样子，很心疼，他说在他的心目中燕燕是世界上最优秀的女人，是他这一生中的最爱，他从来就没有想过要和别的女人结婚。那个女人早在大学时代就一直在追求他，他一直就没有答应，直到燕燕出国，他感到孤独寂寞，那个女人才有机会乘虚而入。

渐渐地，燕燕那颗狂躁的心渐渐平静下来，开始思考一些问题：高岩毕竟是她想托付终身的男人，她从来就没有想过要离开他，出国读书仅是她人生中的一个梦想而已。她原打算，一拿到学位就回到国内，从此和他在一起，永远也不分离。没想到，他竟然背叛了她，可又有什么办法呢，离婚就是最佳选择吗？自己天生心高气傲，即便离婚后再找丈夫，也一定会选择像他这样活力四射的男人，而这种男人又无一例外的都是女人们追逐的焦点，所以离婚再嫁很可能还不如维持现状，毕竟她和高岩还有一定的感情基础，他还是很在乎她的。于是她选择了跟高岩回家，至于她心灵深处的创伤也许永远都难以弥补了。

婚姻常常无法用理智来进行分析，因为婚姻里面包括了很多东西，生活的顺利不一定意味着婚姻的幸福，财富的增加不一定就保证婚姻的稳固。一对法国夫妇一直想有一次浪漫的旅行，但限于他们的经济能力，这只是一个梦想。有一天，突然中了大奖，他们的梦可以实现了，他们也不用再为梦忧愁了，但当他们的浪漫旅行结束之后，他们决定分手，因为他们再也没有另外一个共同的梦需要完成。

台湾著名作家余光中谈到对婚姻的理解时说："家是一个讲情的地方，不是讲理的地方。"所以，不要企图用科学的精准去衡量婚姻。

为所爱的人受点委屈，叫作幸福

现如今，貌似很多人都在经历着不幸的婚姻，因为常听身边的男男女女不断抱怨："没什么本事，还一身的大男子主义，好像什么事都是他对一样，真不知我当时被灌了什么迷魂药，会嫁给他！""明明就是自己错了，还胡搅蛮缠，非逼着我去认错，觉得自己就像个公主一样，也不知我当初是怎么想的！"于是抱怨着、抱怨着……很多男女为了争个孰是孰非，甚至不惜对簿公堂，硬生生将"红本"变成了"绿本"。

这种事情俨然不少见，你我身边都有，甚至有可能此时正发生在你我身上，其实这是何必呢？这又是何苦呢？在这里想跟大家说的是，婚姻并不是真理的生存地，夫妻之间一定要讲情，但并不一定非要讲理。事实上，你家、我家、他家，家家都需要一本糊涂经，夫妻之间如果太较真的话，根本就培养不出缠绵的爱情。对于爱情，我们婚前一定要搞明白，但婚后必须要装糊涂，这就是家庭幸福的秘诀。彼此相让，对的是他们，错的是我们，我们受到了委屈，却能够收获幸福，这是一笔很划算的账。

这么说吧，即便是再相爱的两个人，终究还是两个相对独立的个体？谁还没点自己的想法？谁还没点自己的喜恶？谁还没点自己的脾气呢？你不能要求他完全随你的意，他当然也不能让你变成他的奴隶，这个小家庭幸福不幸福，要看我们能不能相互迁就，相互宽容，尽最大可能去去异求同。打个简单的比方，如果说你希望财政大权独归自己，而他却偷偷攒小金库偶尔与朋友小聚，遇到这种事你说怎么办？如果说你非要施行"三光政策"——要光、搜光、抢光，一次两次，他或许还会隐忍，但时间久了，相信就一定会闹脾气，毕竟"哪里有压迫，哪里就有反抗"。你问为什么？因为谁都有自己生活的一片天地，你断了他的"财路"，让他在朋友面前颜面扫地，他能不生气？若是较起真来，谁挣的钱谁自己管理。你是不是更加得不偿失？难不成还真为这点小事闹得夫妻分离？所以，聪明的做法是，咱们给他些面子，只要不过分，适当点点他也就罢了。他心里有数，明白你的宽宏大量，不是更对你言听计从？

　　前些年有首歌很流行，叫《糊涂的爱》，那里面唱到："爱有几分能说清楚，还有几分是糊里又糊涂……"一语便道出了爱的真谛，就像某位哲人说的那样，要做好丈夫，就必须记住一点——"妻子永远是对的！"虽说此话有"惧内"之嫌，但的确有助于家庭的安定团结。生活中那些懂事的男人都是很会装糊涂的，在他们那半睁半闭着的眼睛里，含着谦让，含着爱意，他们会毫不脸红地告诉别人：妻子永远是对的，如果不对，那一定是我看错了，如果不是看错了，那一定是我想错了。你说这样的男人教人怎能不爱？这样的家庭怎么能不幸福？不过，这也不是说一定非要男人怎样怎样，婚姻中的男男女女都应该具有这样的雅量，只不过作为男人来说，理应显得更加大度一些。

　　有两位朋友，头些年还都年轻，都爱吵闹。后来，其中的一位朋友干脆装聋作哑起来，不管妻子怎样数落他的不是，他就是来个"徐庶进曹营——一言不发"。妻子若还不罢休，甩脸子砸盆子，踢桌子蹁椅子，他干脆就躲到朋友家里去，过一会妻子消气了他再回来，完全就跟没事人一样。久而久之，妻子也看出了他是在忍让，心里也不好意思起来，开始觉得丈夫这也不错，那也不错，于是越发地温柔起来，可想而知，那日子过得也是相当地不错。

另一位朋友在单位是个领导，部门女下属比较多，有时为了工作应酬晚回家一会儿，他妻子就会像审犯人一样刨根问底，只要他晚上外出，她一准大发神威。有一次，朋友因为公务陪客人多喝了点酒，一进门他妻子就破口大骂："又跑哪浪去了！喝点猫尿就满脸通红，兴奋的吧……"那朋友觉得妻子的话太过刺耳，借着酒劲一巴掌甩了过去……从此以后，两人的感情越发不可收拾，谁也不再信任谁，最后只好分道扬镳了。

这种事情，咱们不能说妻子或丈夫谁一定对、谁一定不对，毕竟"清官难断家务事"。但从中我们可以看出，爱情这种事情，确实需要一定的糊涂精神，有时候装装糊涂，事情也就过去了，感情也就融洽了，就是这么简单。

夫妻间的感情是很微妙的，着实让人不好把握。真的，你越是过多地去干涉对方，越做精细的分析，那彼此的心理距离就一定会越大，争执就愈发不可避免，吵着吵着便到了不可挽回的余地，这当然是咱们谁都不愿意接受的结果。所以说，咱们若想过得美美满满，有时候就得让自己"傻"一些。

也就是说，结婚之前，咱们得睁大眼睛，以免悔恨终身；结婚之后，咱们一定要闭上一只眼睛，才能幸福终生。这就是爱情，太过放任的人易受苦，太过计较的人不容易得到，这之间尺度得我们自己把握。

"夹心饼干"的苦恼

开始家庭生活后，一些男人终于体会到了"夹心饼干"的滋味，明白了什么叫做"两面不是人"，婆媳之间的矛盾成了已婚男士最大的心病。

你看，张先生就讲起了他的苦恼："结婚两年来，我一直像块夹心饼干似的，一面在母亲的要挟中尽孝顺之道，一面在妻子的离婚威胁中小心谨慎，我实在是筋疲力尽、走投无路了。"

张先生和妻子是在苏州认识的，妻子是苏州本地人。后来张先生去北京发展，女友为了不失去这份感情，放弃了在家乡稳定的工作，也来到了北京。一年后，当张先生把女友带回家时，却遭到了母亲的强烈反对，说女孩太娇气，他们家供养不起，对女友非常冷淡。还当着女友的面给儿子介绍对象。无奈，两人回到北京后，节衣缩食供了一套房子，只是办理了结婚手续，就简单地住在了一起。可结婚后，老家的母亲执意要来住，过来后完全把儿媳排斥在外，妻子咽不下这口气，婆媳两个顶上了。一次争吵后，妻子负气搬到了公司的宿舍去住。一面是母亲的养育之恩，一面是妻子的离婚威胁，张先生心力交瘁。

那么，如何减少婆媳之间的矛盾，让自己不做夹心饼干呢？

1. 差异较大就分开住

两代人之间的代沟很难沟通，而且由于母亲和妻子是来自两个不同的家庭环境，很多问题会出现不一致的情况。例如生活习惯，价值取向都不太一样，如果差异较大，那就要尽量分开来住。让性情不好的父母和妻子生活在一起，或者是让任性的妻子与较为软弱的公婆生活在一起，都会促进矛盾的产生。很多男人会觉得，和父母一起住是孝顺的表现。其实不然，孝顺的表达方式很多，孝顺也并不代表要求一方一味地迁就和忍耐。与其等到矛盾激化，还不如尽早分开来住。

2. 多分些精力照顾母亲

每一个母亲都为孩子的成长付出了心血，等到母亲年老了，不要因为自己忙，或者是娶妻生子而冷落了母亲。母亲对孩子的要求并不多，可能她们只是想听听儿子的声音，看看儿子是否胖了，瘦了，让儿子听自己唠唠家常，尤其是独居或者是丧偶的老人，她们需要儿子的心理安慰。作为儿子，一定要对母亲多付出些精力。有一句歌词叫做，常回家看看。

3. 从妻子的角度考虑问题

很多男人会觉得妻子在对待自己父母的时候不够好，他们无法接受为什么妻子不能像他一样对待自己的母亲，为什么妻子的感情那么淡薄。其实从妻子的角度来说，婆婆和自己的关系只是因为她的丈夫，而在妻子没嫁人的时间里，她们之间根本就是陌生人。感情要一点点地培养，不是一两天就可以积累的。

而且有的老人很容易受中国传统的影响，认为儿媳就是自家的财产，甚至会对儿媳无端地挑毛病，而妻子也会在婚后不适应，毕竟，从父母的宝贝女儿、男友的心肝宝贝一下子降落到公婆的"小媳妇"，这个心理落差是很大的，如果这时候丈夫再不加以关心，甚至会有这样的想法，母亲只有一个，老婆却可以换，那就更会使妻子心理不平衡，加重婆媳之间的矛盾。作为丈夫，要多从妻子的立场和角度来考虑问题，不要过分要求妻子对自己的母亲感情如何好、如何真实。尊重生活的真实，尽量弥合，别让婆媳间产生大的感情冲突和裂痕。随着时间的推移，婆媳交往、相互了解的增多，感情自然会加深，也就不会再是"对头"或"仇人"。

其实婆媳关系并不是不可调和的，只要男人用心努力，把握好自己的立场和原则，就可以让婆媳实现良好互动。这也是对男人智慧和能力的一种考验。

爱一个人没有界限

爱人，我们常在朋友面前挂在嘴上，可是你是否知道怎样爱人？爱一个人，不是随口说句"I love you!"那么简单。爱是一种付出，需要你付出整颗心。

婚姻中的双方，应该是多角色的扮演者：孤独时你是他（她）的朋友；困难时你是他（她）的兄弟或姐妹；思念时，你是他（她）的爱人，这样的角色，确实复杂，但是要扮演好它，其实也很简单，只要你愿意把爱人冥想成孩子，像爱孩子一样爱他（她）

想一想，你是怎样爱孩子的：

当孩子惹你生气以后跑出疯玩时，你还是会为他留下可口的饭菜，对孩子，你很大度；

当孩子犯了有些严重的错误时，你还是会原谅他，因为他还小，对孩子，你充满了理解；

无论你对孩子多好，他都有可能没心没肺不知心疼你，而你会一如既往地为他洗洗涮涮，买衣做饭，为他做你能做到的一切，对孩子，你给予了无限包容；

九 婚姻如棋，静心走好每一步

……

婚姻中的双方，如果都能像爱孩子一样爱着对方，给予对方无限的大度、理解、包容、温柔和爱护，那么又怎会找不到幸福的感觉？

她的体质不好，一到换季就发烧、咳嗽。每次她生病，除了变着花样做可口的饭菜之外，一天为她量几次体温更成了他的必修课。

每次他都先摸摸她的掌心，再用额头贴贴她的额头，最后，再用体温计给她量一遍。有时，她心情不好，就拿他撒气："你烦不烦啊，当我是'变温'动物呢？"他不气不恼，脸上堆笑，边给她掖被子边说："不烦不烦，跟老婆亲密接触我欢喜着呢。"她嘴上说他耍贫嘴，可那种暖暖的熨帖，却立刻传遍了她全身。

当年他向她求婚时，曾经说过："我知道你身体不好，只要你同意嫁给我，我会为你制订一个长期的'养妻'计划，把你由'药罐子'养成'蜜罐子'"就冲这句话，她毫不犹豫地嫁给了他。

结婚的第一天，他便开始兑现自己的承诺：

为了改掉她睡懒觉的坏习惯，经常加夜班的他坚持每天早晨六点起床陪她一起跑步；每月她的"非常时期"，他不许她沾一点冷水，让她享受公主般的待遇；流感季节，他给她买卡通口罩，在家里实施醋熏疗法，对病毒"严防死守"；刚入秋，他就开始熬姜汤、炖蜜梨，为她防"寒"于"未然"；她偶尔生病，他更是宝贝似的呵护着，一刻不离左右地伺候着。婚后半年，她脸色变红润了，细瘦的胳膊腿也圆润起来，浑身散发着生命的活力。她一脸娇嗔地问："你就不怕惯坏了我？"他嘿嘿一笑，说："娶老婆，就是为了身边有个想怎么宠就怎么宠的人啊。"

当病后初愈的她胃口大开，津津有味地把眼前的美食一扫而光时，他就像得到了莫大的奖赏，眼窝里洋溢的都是满足与笑意；当她对着镜子懊恼衣服有些"紧"、腰身显胖时，他则乐得跟小孩子似的，抱起她一连转几个圈儿，说是犒劳自己"养妻有方"。

那晚，她饶有兴致地看电视里的一档娱乐节目。场上的嘉宾各怀绝技，其中有一位"活秤王"卖鱼不用秤，用手一掂量就能说出斤两，且不差毫厘。她边看边啧啧称赞，他冷不丁地冒出一句："我也有绝活呢。"她想他又在故弄玄虚，便故意不理他。

"怎么，不信啊？"他凑到她耳边，说："你的体温，我不用体温计量，就能说出多少度。我每次给你量体温，先用"手"量，再用"脑门"量，然后才用体温计测，就是为了练就这一身绝活呢。晚上，你睡着了，我不知道你的烧退了没有，又怕用体温计弄醒了你，就用我这个"活体温计"一遍遍给你量。结婚的时候，岳母大人跟我说，你小时候得过肺炎，导致胸腔积水，最怕的就是发高烧，我想，我有了这个绝活，天天给你量体温，不就放心啦？"他絮絮叨叨地说着，而泪水早已模糊了她的视线。

他拥她入怀，吻了吻她的额头，说："三十六度五。"她闭上了眼睛，任幸福的潮水将自己淹没.

这样的爱人，你能否做得到？其实爱的极致就是消除自爱与爱他（她）的界限，就像爱孩子一样爱你的爱人：

呵护他（她），哪怕是男人，也需要温暖；

陪他（她）成长，容纳他一切的不良习惯，用你的温柔和诚意引导他（她）改掉那些毛病；

照顾他（她），每天早起为他（她）做可口的早餐；晚睡为他（她）准备好第二天要穿的衣物；

做他（她）的倾听者，与他（她）分享快乐、分担痛苦。他（她）有了开心事，你要比他（她）还开心；他（她）有了烦恼，你要及时的安抚、积极地鼓励；累的时候抱着他（她）安然入睡，玩的时候陪他（她）忘乎所以。

给他（她）足够的时间与空间，尊重彼此的独立，给他（她）一定的自由；

包容他（她），允许他（她）犯错误，只要不是原则性的问题，给予他（她）改正的机会；

激励他（她），及时赞美他（她）哪怕一丁点的有点，让他（她）随时自信满满；

相信他（她），杜绝无端的猜忌

总之，像爱孩子一样去爱他（她），只要他（她）是一个值得这样去爱的人。

糟糠之妻不下堂

结婚是一种事实，但它不会使我们深藏的人性完全隐匿起来，对于美的追求、对于刺激的向往，时常可能发生。不可否认的是，在生活中，我们常会在毫无预料的情况下遭受到婚姻外诱惑，我们虽然仍然深爱对方，但却有位新异性吸引了我们的目光。这种吸引是否正常？是否道德？应该说，这种吸引是正常人的正常反应。吸引，毕竟只是一种心理状态，它使我们产生了一种对美好事物追求的幻想。但幻想归幻想，你千万不要把它当成目标，不顾一切地追求起来，这种追求是盲目的、不负责任的，是非常愚蠢的。

请大家闭上眼睛冥想一下：色欲究竟是什么？

对于肉体，色是刮骨的钢刀！人好色，一不留神，就会被这把钢刀刮得骨瘦如柴、弱不禁风。

对于灵魂，色是焚烧的炼狱！人好色，一不留神，就会被这个炼狱炼得粉身碎骨、魂飞魄散。

对于志气，色是销毁的熔炉！人好色，一不留神，志气就会被这个熔炉熔化成蒸气，并渐渐化为乌有。

对于事业，色是叫停的裁判！人好色，一不留神，事业就会被这个裁判中断，乃至被罚出事业的场地。

对于金钱，色是花销的魔鬼！人好色，一不留神，金钱就会被这魔鬼侵吞占有，而自己到头来却身无分文。

对于爱情，色是喂毒的利箭！人好色，一不留神，自己拥有的美好爱情，就会被这把喂毒的利箭刺破。

你可以有非分之想，但最好不要把它变成事实，当抑制不住某种冲动的时候，不妨想想下面这个故事，它来源于网络，但表述的却是一种令人感动的真实：

某天，白云酒楼来了两位客人，一男一女，穿着不俗，看样子是一对夫妻。

服务员笑吟吟地送上菜单。男人接过菜单直接递女人，说："你点吧，想吃什么点什么。"女人看也不看一眼，抬头对服务员说："给我们来碗馄饨就行。"

服务员一怔，这种高档酒楼里哪有馄饨卖啊。旁边的男人发话了："吃什么馄饨，又不是没钱？"

女人摇头："我就要吃馄饨！"男人愣了愣，看到服务员惊讶的目光，难为情地说："好吧。请给我们来两碗馄饨。"

"不！"女人赶紧补充道，"只要一碗！"男人又一怔："一碗怎么吃？"

女人看着男人皱起了眉头，说："不是说好一路都听我的吗？"

| 九 婚姻如棋，静心走好每一步 |

过了一会，服务员捧回一碗热气腾腾的馄饨，看到馄饨，女人的眼睛都亮了，她把脸凑到碗面上，深深地吸了一口气，好象舍不得吃，半天也不见送到嘴里。男人扭头看看四周，有些尴尬，一把拿过菜单："我饿了一天了，要补补。"接着，一气点了几个名贵的菜。

女人不紧不慢，等男人点完菜。才淡淡地对服务员说："你最好先问问他有没有钱，当心他吃霸王餐。"

没等服务员反应过来，男人就气红了脸："我会吃霸王餐？我会没钱？"他边说边往怀里摸去，突然"咦"了一声："我的钱包呢？"

女人冷冷说了句："别找了，你的手表，还有我的戒指，咱们这次带出来所有值钱的东西，我都扔河里了。我身上还有五块钱，只够买这碗馄饨了！"

男人的脸刷地白了，一屁股坐下来，愤怒的瞪着女人："你真是疯了，你真是疯了！咱们身上没有钱，那么远的路怎么回去啊？"

女人却一脸平静："急什么？再怎么着，我们还有两条腿，走着走着就到家了。20年前，咱们身上一分钱也没有，不照样回家了吗？那时候的天。比现在还冷呢！"

男人不由地瞪直了眼："你说什么？"女人问："你真的不记得了？"男人茫然地摇摇头。

女人叹了口气："看来，这些年身上有了几个钱，你真的把什么都忘了。20年前，咱们第一次出远门做生意，没想到被人骗了个精光，连回家的路费都没了。经过这里的时候，你要了一碗馄饨给我吃，我知道，那时候你身上就剩下五毛钱了……"

男人听到这里，身子一震："这，这里……"女人说："对，就是这里，我永远也不会忘记的，那时它还是一间又小又破的馄饨店。"

男人默默低下头，女人转头对在一旁发愣的服务员道："姑娘，请给我再拿只空碗来。"

服务员很快拿来了一只空碗，女人捧起面前的馄饨，拨了一大半到空碗里，轻轻推到男人面前："吃吧，吃完了我们一块走回家！"

　　男人盯着面前的半碗馄饨，很久才说了句："我不饿。"女人眼里闪动着泪光，喃喃自语："20年前，你也是这么说的！"说完，她盯着碗没有动汤匙，就这样静静地坐着。

　　男人问："你怎么还不吃？"女人又哽咽了："20年前，你也是这么问我的。我记得我当时回答你，要吃就一块吃，要不吃就都不吃，现在，还是这句话！"

　　男人默默无语，伸手拿起了汤匙。不知什么原因，拿着汤匙的手抖得厉害，舀了几次，馄饨都掉下来。最后，他终于将一个馄饨送到了嘴里，当他舀第二个馄饨的时候，眼泪突然忍不住直往下掉。

　　女人见状，脸上露出笑容，也拿起汤匙。馄饨一进嘴，眼泪同时滴进了碗里。这对夫妻就这和着眼泪把一碗馄饨分吃完了。

　　放下汤匙，男人抬头轻声问女人："饱了么？"

　　女人摇了摇头。男人很着急，突然好象想起了什么，弯腰脱下一只鞋，拉出鞋垫，居然摸出了5块钱。他怔了怔，不敢相信地瞪着手里的钱。

　　女人微笑说道："20年前，你骗我说只有5毛钱了，只能买一碗馄饨，其实你还有5毛钱，就藏在鞋里。我知道，你是想等我饿了的时候再拿出来。后来你被逼吃了一半馄饨，知道我一定不饱，就把钱拿出来再买了一碗！"顿了顿，她又说道，"还好你记得自己做过的事，这5块钱，我没白藏！"

　　男人把钱递给服务员："给我们再来一碗馄饨。"服务员没有接钱，快步跑开了，不一会，捧回来满满一大碗馄饨。

　　男人往女人碗里倒了一大半："吃吧，趁热！"

　　女人没有动，说："吃完了，咱们就得走回家了，你可别怪我，我只是想在分手前再和你一起饿一回。苦一回！"

男人一声不吭，大口吞咽着，连汤带水，吃得干干净净。他放下碗催促女人道："快吃吧，吃好了我们走回家！"

女人说："你放心，我说话算话，回去就签字，钱我一分不要，你和哪个女人好，娶个十个八个，我也不会管你了……"

男人猛地大喊起来："回去我就把那张离婚协议书烧了，还不行吗？"说完，他居然号啕大哭，"我错了，还不行吗？"

那么，你错了吗？携手与共多少年，纵然爱情淡了，但亲情更浓，你真的忍心伤害曾经与你同甘共苦的那个人？你真舍得把共同铸造的幸福亲手毁掉？诱惑面前，冥想一下你们之间的故事，最爱你的也许不是极尽讨好你的人，而是愿意陪你一起走回家的人。

十
最打动人的，就是那份宽容

　　大海的宽容，在于汇集大大小小的川流；生命的汪洋，在于包容深深浅浅的缘分。心因为宽容显得真实，爱因为宽容才被看见。

为了自己，宽恕伤害

毫无疑问，我们只要生活在人群中，就不可避免地要与他人发生矛盾，就不可能不受到侵犯，或许有时我们真的很无辜，我们并没有做错什么，但却成了可怜的受害者。对于这些，你是否充满怨恨？你心里是否念叨着一定要报复？如果是这样，请趁早打消这个念头，因为这对我们而言没有任何好处。

首先，很重要的一点：仇恨这东西会影响我们的健康。其实，宽恕那些伤害过你的人，不是为了显示你的宽宏大度，而首先是为了你的健康，如果仇恨成了你的生活方式，那你就选择了最糟糕的生活状态。事实的确如此，而且已经引起了人们的注意。近几年，世界医学领域兴起一门新学科，叫"宽恕学"。它从养生的角度出发，对宽恕心态与自身健康的联系进行了多方面研究。结果表明，人如果一直处于"不宽恕"状态中，身心就会遭受巨大压力，其中包括苦恼、愤怒、敌意、不满、仇恨和恐惧，以及强烈的自卑、压抑等等，这会直接导致我们产生不良生理反应，如血压升高和激素紊乱，从而引起心血管疾病和免疫功能减退，甚至可能会伤害神经功能和记忆力。而宽恕，显然能让这些压力得到有效的缓解。虽然我们目前还不知道宽恕具体是如何调理身心健康的，但毋庸置疑，它的确会让我们更快乐，更放松。

再者，这也很重要：心怀仇恨，很容易让我们做出糊涂事来。仇恨一旦燃烧，大脑就会短路，也就是说，当我们的所思、所想都围绕仇恨进行时，我们就无法再对复杂多变的形式做出准确的评估和判断，这是人生博弈中的大忌讳！所以有人说，一个被仇恨左右的人一定是不成熟的人。因为聪明的人一定会懂得在选择、判断时，摒除外界因素的干扰，采取理智的做法。中国有句古语，叫"君子报仇，十年不晚"，讲的也是这个道理。

三国时，曹操历经艰险，在平定了青州黄巾军后，实力增加，声势大振，有了一块稳定的根据地，于是他派人去接自己的父亲曹嵩。曹嵩带着一家老小40余人途经徐州时，徐州太守陶谦出于一片好心，同时也想借此机会结纳曹操，便亲自出境迎接曹嵩一家，并大设宴席热情招待，连续两日。一般来说，事情办到这种地步就比较到位了，但陶谦还嫌不够，他还要派500士卒护送曹嵩一家。这样一来，好心却办了坏事。护送的这批人原本是黄巾余党，他们只是勉强归顺了陶谦，而陶谦并未给他们任何好处。如今他们看见曹家装载财宝的车辆无数，便起了歹心，半夜杀了曹嵩一家，抢光了所有财产跑掉了。曹操听说之后，咬牙切齿道："陶谦放纵士兵杀死我父亲，此仇不共戴天！我要血洗徐州。"

随后，曹操亲统大军，浩浩荡荡杀向徐州，所过之处无论男女老少，鸡犬不留。吓得陶谦几欲自裁，以谢罪曹公，以救黎民于水火。然而，事情却突然发生了骤变，吕布率兵攻破了兖州，占领了濮阳。怎么办？这边父仇未报，那边又起战事！如果曹操此时被复仇的想法所左右，那么，他一定看不出事情的发展趋势，也察觉不出情况的危急。但曹操毕竟是曹操，他是一个十分冷静沉着的人，也是一个非常会控制自己情绪的人。正因如此，他立刻分析出了情况的严重性——"兖州失去了，就等于断了我们的归路，不可不早做打算。"于是，曹操便放弃了复仇的计划，拔寨退兵，去收复兖州了。

同是三国枭雄，反观刘备，只因义弟关羽死于东吴之手，便不顾诸葛亮、赵云等人的劝阻，一意孤行，杀向东吴。最终仇未得报，又被陆逊一把火烧了七百里连营，自感无颜再见蜀中众臣，郁郁死于白帝城，从此西蜀一蹶不振。

曹操与刘备谁的仇更大？显然是曹操，曹操死了一家老小40余人，而刘备只死了义弟关羽一个人。但曹操显然要比刘备冷静得多，他面对骤变的局势，思维、判断没有受到复仇心态的任何影响，所以他才能够摆脱这次危机，保住了自己的地盘和势力。

综上所述，可以看得出，仇恨其实就是潜伏在我们心中的火种，如果不设法将它熄灭，那么肯定会烧伤我们自己。而且，有时即便我们把自己烧成了灰，对方依旧可能毫发无损。这种蠢事我们还要不要做？

当然，人的本性是趋于以牙还牙的，这一点我们无需避讳，纵然是伟人在遭受重大伤害之时，心中肯定也免不了要燃起一股仇恨的火焰，不同的是，他们懂得控制仇恨，而我们大多数人则是被仇恨所控制。

当然，我们和伟人不可比，但如果说我们还希望自己活得健康快乐一些，如果说我们还希望自己人生事业有那么一点进步，那么培养宽恕的性格显然是势在必行的。事实上"宽恕"并不难，虽说我们不能尽去七情六欲，但把心放宽点——放宽那么一点，难道我们就做不到吗？

其实我们淡忘仇恨，同时也是解放了自己，与其因为愤恨而耗尽自己一生的精力，时时记着那些伤害我们的人和事，被回忆和仇恨所折磨，还不如淡忘它们，把自己的心灵从禁锢中解脱出来。遇事但凡有这个念头在，我们的人生势必会少为烦恼所牵绊，我们的心灵自然会智慧、轻松许多。

有一种恶魔叫仇恨，你不理睬它，它便小如当初

这世间有一种恶魔叫仇恨，你不理睬他，它便小如当初；你若在意它，它便迅速膨胀，最终堵塞你的出路……

我们来看一个带有寓言性质的佛教故事。一位吃人女巫极力想追捕一位圣人的女儿和她的婴儿。当圣人的女儿知道释迦牟尼在寺院宣扬教义时，她去拜访佛陀，并将她的儿子放在他的脚下，请求他的祝福。那位吃人女巫原本被禁止进入寺院，但在释迦牟尼的示意下，女巫也获准入内。释迦牟尼同时为吃人女巫和圣人之女赐福。

释迦牟尼说她们俩的前世中，有一人一直无法怀孕，所以她的丈夫娶了另一个女人。当大老婆知道另一个女人怀孕时，她将药放入食物中，使另一个女人流产了。她一再使用这个伎俩，直到第三次使得会怀孕的女人因此而死亡。在死之前，那位不幸的女人在盛怒下，诅咒她将报复大老婆和她的后代。

因此，她们因过去的竞争中所引发的不和，导致世世代代带着仇恨，相互残害对方的婴儿。女巫想杀死圣人之女的婴儿，只不过是深植心中的仇恨的延伸罢了。仇恨只会带来更多的仇恨。只有爱心、友谊、谅解和善心能消弭仇恨。在明了各自的错误后，她们接受了释迦牟尼的劝告，决定和平相处。

可惜，生活中总是有一些人心胸狭隘，一点点小事就足以使他们心烦意乱。当别人无意中惹到他们时，他们总是抱着"以牙还牙，以眼还眼"的态度，摆出一副"寸土必争"的姿态予以还击。他们做人

的原则就是绝不吃亏，但实际上这种人往往容易吃大亏。

一天，一个失意的青年走在崎岖不平的山路上，发现脚边有个袋子似的东西很碍脚，心情郁闷的他狠踢了那东西一下，没想到那东西不但没被踢破，反而膨胀起来，并成倍地扩大着。青年恼羞成怒，拿起一根碗口粗的木棍砸它，那东西竟然胀到把路堵住了。

正在这时，佛祖从山中走出来，对青年说："小伙子，别动它。它叫仇恨袋，你不犯它，它就小如当初；你侵犯它，它就膨胀起来，与你对抗到底。忘了它，离它远去吧！"

"以眼还眼，以牙还牙"，看起来矛盾的双方是势均力敌，谁都不吃亏，但当你真的以这种原则去办事时，你会发现你可能解了一时之气，但不能得到大多数人的认可和好评。所以，你的行为事实上在告诉别人你是一个肚量狭小的人，那么还有谁敢靠近你呢？反之，以德报怨，不仅可以使那些对你不敬的人心生惭愧，同时还可以告诉别人你的胸怀和气度是他们无法企及的，那么在你的周围会不知不觉吸引许多有德之人。这才是吃小亏，赚大便宜的上上之策。所以奉劝大家，不要做那种斤斤计较的傻事，这对你没有任何好处。

那些所谓的不公，根本不值一提

人是群居性生物，因此，谁都不可以孤立地生活在这个世界上。在生活中，我们很难避免不与他人之间发生摩擦，或者是不愉快的冲突，尤其是当你感受到自己遭遇到不公平的待遇的时候，你是否会对他人产生敌意呢？你是否会因此而在心里对他人怀有怨恨之心呢？

十　最打动人的，就是那份宽容

首先可以肯定地说，当你受到了真正的不公平待遇时，你完全有理由怨恨他人，因为你是真的受了委屈。可是，请你冷静想一想，当你怨恨他人时，你从中又得到了什么呢？事实上，你所得到的只能是比对方更深的伤害。

怨愤的态度会使你产生了消极情绪，这种消极情绪对你的健康和性情都会产生很大的负效应，从而对你造成伤害。更为严重的是，你总是想着自己受到了不公平的待遇，总是因此而极不愉快，从而也会招致更多的烦恼。

想想看，你是不是应该改变自己的态度呢？你要知道，我们所受到的不公，仅仅是因为我们的心理有所欲求。如果我们不看重自己心理上的这份欲求，或者把这份欲求看得很淡，那么不公又从何而起呢？

其实即使遭逢剧变所引起的怨恨，在人性中也依然可以释怀。因为如果你希望自己好好活下去，就得抛开愤怒，原谅对方。

曼德拉因为领导反对白人种族隔离的政策而入狱，白人统治者把他关在荒凉的大西洋小岛罗本岛上27年。当时曼德拉年事已高，但看守他的狱警依然像对待年轻犯人一样对他进行残酷的虐待。

罗本岛上布满岩石，到处是海豹、蛇和其他动物。曼德拉被关在总集中营一个锌皮房，白天打石头，将采石场的大石块碎成石料。他有时要下到冰冷的海水里捞海带，有时干采石灰的活儿——每天早晨排队到采石场，然后被解开脚镣，在一个很大的石灰石场里，用尖镐和铁锹挖石灰石。因为曼德拉是要犯，看管他的看守就有三人。他们对他并不友好，总是寻找各种理由虐待他。

谁也没有想到，1991年曼德拉出狱当选总统以后，他在就职典礼上的一个举动震惊了整个世界。

总统就职仪式开始后，曼德拉起身致辞，欢迎来宾。他依次介绍了来自世界各国的政要，然后他说，能接待这么多尊贵的客人，他深感荣幸幸，但他最高兴的是，当初在罗本岛监狱看守他的三名狱警也能到场。随即他邀请他们起身，并把他们介绍给大家。

曼德拉的博大胸襟和宽容精神，令那些残酷虐待了他27年的白人汗颜，也让所有到场的人肃然起敬。看着年迈的曼德拉缓缓站起，恭敬地向三个曾关押他的看守致敬，在场的所有来宾以致整个世界，都静下来了。

后来，曼德拉向朋友们解释说，自己年轻时性子很急，脾气暴躁，正是狱中生活使他学会了控制情绪，因此才活了下来。牢狱岁月给了他时间与激励，也使他学会了如何处理自己遭遇的痛苦。

他说："当我迈过通往自由的监狱大门时，我已经清楚，自己若不能把悲痛与怨恨留在身后，那么我其实仍在狱中。

事实上，忘记你所受到的不公，忘记对他人的怨愤，最终最大的受益者只能是你自己。当你忘记了怨愤，学会了遗忘和原谅，就会发现，原来你所认为的那些所谓的不公，其实根本不值一提，因为它们在你的一生之中，是那么的微不足道。而你也同时会认识到，抛开对他人的怨愤之心，你所获得的快乐是你这一生都享受不尽的。

谅解就犹如火把，能照亮由焦躁、怨恨和复仇心理铺就的道路。谅解可以挽回感情上的损失，谅解可以产生人生的奇迹！所以做人一定要保持一颗慈爱的心，除去那些怨恨别人的想法。因为憎恨别人对自己是一种很大的损失。恶语永远不要出自于我们的口中，不管他有多坏，有多恶。你越骂他，你的心就被污染了，你要想，他就是你的善知识。虽然我们不能改变周遭的世界，我们就只好改变自己，用慈悲心和智慧心来面对这一切。拥有一颗无私的爱心，便拥有了一切。根本不必回头去看咒骂你的人是谁？如果有一条疯狗咬你一口，难道你也要趴下去反咬它一口吗？

多记着别人的好处，矛盾就化解了

谁没有与人发生过矛盾？谁没有受过丝毫委屈？智者的聪明之处在于，他们绝不会将仇恨深刻于心，让它无时无刻地折磨自己。他们知道，唯有"相逢一笑泯恩仇"的豁达与宽容，才是自己拓宽人脉的法宝。

感恩是华夏民族传承了几千年的传统美德，从"滴水之恩，涌泉相报"到"衔环结草，以谢恩泽"，以及我们常言的"乌鸦反哺，羔羊跪乳"，感恩在国人心中有着深厚的文化底蕴，滋养了一代又一代人。

感恩是一种境界，是一种生活态度，是一项处世哲学，更是一种人生智慧。学会感恩，这是做人的基本。感恩不是单纯的知恩图报，而是要求我们摒弃狭隘，追求健全的人格。做人，应常怀感恩之心，记住别人对我们的恩惠，洗去我们对别人的怨恨，唯有如此，我们才能在人生的旅程中自由翱翔。

一个有修养的人不同于常人之处，首先在于他的恩怨观是以恕人克己为前提的。一般人总是容易记仇而不善于怀恩，因此有"忘恩负义"、"恩将仇报"、"过河拆桥"等等说法，古之君子却有"以德报怨"、"涌泉相报"、"一饭之恩终身不忘"的传统。为人不可斤斤计较，少想别人的不足、别人待我的不是；别人于我有恩应时刻记取于心。人人都这样想，人际就和谐了，世界就太平了。用现在的话讲，多看别人的长处，多记别人的好处，矛盾就化解了。

为你的对手喝彩

一直以来，在国人的意识中，喝彩永远是送给亲人、朋友或是英雄的，我们身边的人很少几乎是没有人能够为对手发出由衷的赞叹。当然，这似乎也在情理之中，因为能够做到如此大度的人毕竟只是少数。但是，如果你做到了，你就一定会赢得众人的尊重，你的人格亦会随之进入一个更高的层次。

当年乔丹在公牛队时，年轻的皮蓬是队里最有希望超越他的新秀。年轻气盛的皮蓬有着极强的好胜心，对于乔丹这位领先于自己的前辈，他常常流露出一种不屑一顾的神情，还经常对别人说乔丹哪里不如自己，自己一定会把乔丹击败一类的话。但乔丹没有把皮蓬当作潜在的威胁而排挤他，反而对皮蓬处处加以鼓励。

有一次，乔丹对皮蓬说："你觉得咱俩的三分球谁投得好？"

皮蓬不明白他的意思，就说："你明知故问什么，当然是你。"

因为那时乔丹的三分球成功率是 28.6%，而皮蓬是 26.4%。但乔丹微笑着纠正："不，是你！你投三分球的动作规范、流畅，很有天赋，以后一定会投得更好。而我投三分球还有很多弱点，你看，我扣篮多用右手，而且要习惯地用左手帮一下。可是你左右手都行。所以你的进步空间比我更大。"

这一细节连皮蓬自己都不知道。他被乔丹的大度给感动了，渐渐改变了自己对乔丹的看法。虽然仍然把乔丹当作竞争对手，但是更多的是抱着一种学习的态度去尊重他。

一年后的一场 NBA 决赛中，皮蓬独得 33 分 (超过乔丹 3 分)，成为公牛队中比赛得分首次超过乔丹的球员。比赛结束后，乔丹与皮蓬紧紧拥抱着，两人泪光闪闪。

而乔丹这种"甘为竞争对手喝彩"的无私品质，则为公牛队注入了难以击破的凝聚力，从而使公牛王朝创造了一个又一个神话。

对手，是你前进的动力；是你懈怠之时激你奋进的良朋；是你成功之时，令你不敢忘形、虚心前进的警钟。所以，你应该感谢对手，更应该学会欣赏对手的长处，懂得为对手去喝彩。

纵览古今中外，有多少人因为没有对手，进而狂妄自大、不思进取，最终被淹没在历史的尘流之中！西楚霸王项羽，力拔山、气盖世，统众诸侯，睥睨天下，莫与争锋，终因不听谋士言，小觑刘邦，落得个乌江自刎的下场；世界重量级拳王泰森，职业生涯击败过无数对手，却为鲜花和掌声所麻痹，最终身陷囹圄。他们的失败，只能说是败给了自己，因为在他们眼中，已然再没有对手。

所以，请不要痛恨、嫉妒你的对手，因为没有对手，你将极易在狂妄中迷失，在自满中堕落。退一步说，倘若没有对手，你的成功又有什么值得炫耀的？它还会令你如此兴奋吗？

一个能够衷心为对手喝彩的人，必然有着寻常人难以企及的平常心，能够看淡自己的成败得失，由此才能正视对手的长处及成功，并从内心深处荡起一股真诚的赞叹。这不正是千百年来人们一直追求的人生至境吗？然而，却有很多人抱持着一颗世俗的心，一次次地与这至境失之交臂。

事实上，在现实生活中，很多人往往习惯于将自己的失败归咎于对手。可是败了就是败了，我们为何还要让嫉妒在心中滋生？为何不能正视自己的失败，转而由衷地为对手喝一声彩呢？

对手于我们而言，风雨虽然会带给我们些许痛苦，但风雨过后，多是绚丽的彩虹！对手于我们而言，是敌、是师、亦是友，没有他，就没有你的彩虹！因为是对手成就了你的另一只手，即你成功的援助之手！

所以，请为你的对手喝彩，即便只是一个拥抱、一次握手、一段言语、一个眼神……相信都会给你带来另一种光彩。

做到了宽容，你就是美的化身

宽容是一种美，因为有了宽容才使许多人有了浪子回头的决心，因为有了宽容才使那颗犯错的心有了安全的回旋余地。当你选择宽容时，你就给了这个世界无比的荣耀。而你将得到这世界最美的祝福。禅者说："量大则福大。"就是在说因为你有一颗宽容的心，所以，能获得最大的福缘。

一位在山中茅舍修行的禅师，某日夜里散步回来，发现一个小偷正在房中行窃。找不到任何财物的小偷要离开时，在门口遇见了禅师。原来，禅师怕惊动小偷，一直站在门口等待，他知道小偷一定找不到任何值钱的东西，早就把自己的外衣脱掉拿在手上。

小偷遇见禅师，正大感惊愕之时，禅师说道："你不怕山路远而艰，前来探望我，总不能让你空手而回呀！夜凉了，你带着这件衣服走吧！"

说着，就把衣服披在了小偷身上，小偷不知所措，低着头溜走了。

禅师看着小偷的背影消失在山林之中，不禁感慨地说："可怜的人呀！但愿我能送一轮明月给他。"

禅师自送小偷走了以后，便回到茅屋打坐，并逐渐进入梦境。

第二天，当他迎着温暖的阳光走出禅室时，看到他披在小偷身上的外衣被整齐地叠好，放在了门口。禅师非常高兴，喃喃自语："我终于送了他一轮明月！"

是的，禅师正是用慈悲宽怀之心，感化了小偷的灵魂。这就是老禅师的度量，他给小偷提供反省的空间，使其悔悟，自戒自律，所以宽容也是一种无声的教育。

宽容地对待别人的过错，这是何等的胸怀。学会宽容，是一种美德、一种气度，因为你能容得他人不能容，所以你也必将拥有了别人不能拥有的。

有这样一则故事：

一位妇人同邻居发生纠纷，邻居为了报复她，趁夜偷偷地放了一个骨灰盒在她家的门前。第二天清晨，当妇人打开房门的时候，她深深地震惊了。她并不是感到气愤，而是感到仇恨的可怕。是啊，多么可怕的仇恨，它竟然衍生出如此恶毒的诅咒！竟然想置人于死地而后快！妇人在深思之后，决定用宽恕去化解仇恨。

于是，她拿着家里种的一盆漂亮的花，也是趁夜放在了邻居家的门口。又一个清晨到来了，邻居刚打开房门，一缕清香扑面而来，妇人正站在自家门前向她善意地微笑着，邻居也笑了。

一场纠纷就这样烟消云散了，她们和好如初。

宽容别人，除了不让他人的过错来折磨自己外，还处处显示着你的纯朴、坚实、大度、风采。那么，在这块土地上，你将永远是胜利者。只有宽容才能愈合不愉快的创伤，只有宽容才能消除一些人为的紧张。学会宽容，意味着你不会再心存芥蒂，从而拥有一分潇洒。在生活中我们难免与人发生摩擦和矛盾，其实这些并不可怕，可怕的是我们常常不愿去化解它，而是让摩擦和矛盾越积越深，甚至不惜彼此伤害，使事情发展到不可收拾的地步。用宽容的心去体谅他人，真诚地把微笑写在脸上，其实也是善待我们自己。当我们以平实真挚、清灵空洁的心去宽待对方时，对方当然不会没有感觉，这样心与心之间才能架起沟通的桥梁，这样我们也会获得宽待，获得快乐。

一个人能否以宽容的心对待周围的一切，是一种素质和修养的体现。大多数人都希望得到别人的宽容和谅解，可是自己却做不到这一点，因为总是把别人的缺点和错误放大成烦恼和怨恨。宽容是一种美，当你做到了，你就是美的化身。

用宽恕的心灵与世界对话

宽容是一种力量，它使人产生强大的凝聚力和感染力，使别人愿意团结在你的周围；宽容是一缕阳光，能消冰融雪，化干戈为玉帛；宽容是一种福气，以宽厚仁爱之心待人，会获得别人的爱戴和帮助；宽容是一根神奇的魔术棒，它可以改善个体与社会的关系，使世界更和谐……给这世界以宽容，用善意的心灵与世界对话：给寒冷的肩膀以温情的抚摸；给贫穷的心灵以无私的关怀；给身陷泥沼的双手以悔悟的藤条；给迷茫的眼睛以清醒的灯光，这样，你的生活就会多积累一种财富。

宽恕这个世界，不是为了显示你的宽宏大度，而首先是为了你的健康，如果仇恨成了你的生活方式，你就选择了最糟糕的生活状态。近几年，世界医学领域已经兴起一门新学科，叫"宽恕学"。它从养生的角度出发，对宽恕心态与自身健康的联系进行了多方面研究。结果表明，人如果一直处于"不宽恕"状态中，身心就会遭受巨大压力，其中包括苦恼、愤怒、敌意、不满、仇恨和恐惧，以及强烈的自卑、压抑等等，这会直接导致我们产生不良生理反应，如血压升高和激素紊乱，从而引起心血管疾病和免疫功能减退，甚至可能会伤害神经功能和记忆力。而宽恕，显然能让这些压力得到有效的缓解。虽然我们目前还不知道宽恕具体是如何调理身心健康的，但毋庸置疑，它的确会让我们更快乐、更放松。

有位朋友，总是愤世嫉俗，由于在学习、生活、工作中遭遇了许多误解和挫折，渐渐地，他养成了以戒备和仇恨的心态看世界的习惯。在压抑郁闷的环境中他度日如年，几乎要崩溃，感觉整个世界都在排斥他。

他有一种强烈的发泄欲望。多年来这种念头一直缠绕着他，他想在自己所处的环境发泄，又担心受到更多的伤害，他一直压抑、克制着自己的这种念头，但越是克制越烦恼，他因此寝食不安。

有一天他为了散心，登上了一座景色宜人的大山。他坐在山上，无心欣赏幽雅的风景，想想自己这些年遭遇到的误解、歧视、挫折，他内心的仇恨像开闸的洪水一样，汹涌而出。他大声对着空荡幽深的山谷喊到："我恨你们！我恨你们！我恨你们！"话一出口，山谷里传来同样的回音："我恨你们！我恨你们！我恨你们！"，他越听越不是滋味，又提高了喊叫的声音。他骂得越厉害，回音更大更长，扰得他更恼怒。

就在他再次大声叫骂后，从身后传来了"我爱你们！我爱你们！我爱你们！"的声音，他扭头一看，只见不远处寺庙里的方丈在冲着他喊。

片刻方丈微笑着向他走来，他见方丈面善目慈，便一股脑说出了自己所遭遇的一切。

听了他的讲述，方丈笑着说："晨钟暮鼓惊醒多少山河名利客，经声佛号唤回无边苦海梦中人。我送你四句话。其一，这世界上没有失败，只有暂时没有成功。其二，改变世界之前，需要改变的是你自己。其三，改变从决定开始，决定在行动之前。其四，是决心而不是环境在决定你的命运。你不妨先改变自己的习惯，试着用友善的心态去面对周围的一切，你肯定会有意想不到的快乐。"

他半信半疑，表情很复杂。方丈看透了他的心思，接着说："倘若世界是一堵墙壁，那么爱是世界的回音壁。就像刚才，你以什么样的心态说话，它就会以什么样的语气给你回音。爱出者爱返，福往者福来。为人处世许多烦恼都是因为对外界苛求得太多而产生的。你热爱别人，别人也会给你爱；你去帮助别人，别人也会帮助你。世界是互动的，你给世界几份爱，世界就会回你几份爱。爱给人的收获远远大于恨带来的暂时的满足。"

听了方丈的话，他愉快地下山了。

回去后他以积极、健康、友爱的心态对待身边的一切，他和同事之间的误解消除了，没有人再和他过不去，工作上他比以往好多了，他发现自己比以前快乐多了。

的确，爱是世界的回音壁，想要消除仇恨，给生命增添些友爱，就请用善意的心灵与世界对话。你的声音越发友善，得到的回复将越发美妙，这美妙的回复又会给我们的心灵带来更多的平和与欢乐。

其实善意，对他人而言也是无价之宝，透过善意，我们可以给予需要爱的人温暖。爱与被爱的人，比远离爱的人幸福。我们付出越多的善意，就会得到越多善意的回报，这是永恒的因果关系。

善意让人们不再相互欺骗，不再互相轻视，在**愤怒**或意志薄弱时，也不会相互伤害。善良的意念就如母亲一般：它丰富了人类的生命，不给予丝毫的限制和牵绊；提升了人性，给予生命无限的高贵。

可惜，生活中总是有一些人不懂得爱的伟大，他们心胸狭隘，一点点小事就足以使他们心烦意乱。当别人无意中惹到他们时，他们总是抱着"以牙还牙，以眼还眼"的态度，摆出一副"寸土必争"的姿态予以还击。他们做人的原则就是绝不吃亏，但实际上这种人往往容易吃大亏。

"以眼还眼，以牙还牙"，看起来矛盾的双方是势均力敌，谁都不吃亏，但当你真的以这种原则去办事时就会发现，你可能解了一时之气，但不能得到大多数人的认可和好评。因为你的行为事实上是在告诉别人：你是一个肚量狭小的人，那么还有谁愿意靠近你呢？

十一

无论别人如何，你都要把善念保留

不需要太多诠释，善良永远是黑暗中的一盏明灯，是困难时的一点小小援助……把善良献给别人的同时，也把善良给予了自己。

一念菩提，一念魔鬼

　　善良是人性光辉中最美丽、最暖人的一缕。没有善良，没有一个人给予另一个人的真正发自肺腑的温暖与关爱，就不可能有精神上的富有。我们居住的星球，犹如一条漂泊于惊涛骇浪中的航船，团结对于全人类的生存是至关重要的，我们为了人类未来的航船不至于在惊涛骇浪中颠覆，使我们成为"地球之舟"合格的船员，我们应该培养成勇敢的、坚定的人，更要有一颗善良的心。

　　有这样一个故事：

　　有个水鬼，到了该找替身的日子，但他看到到河边来寻短见的人，遭遇悲苦、心灰意冷，不但不设法迷惑人家，反倒心里不忍，爬上岸去帮助他，劝他不要做糊涂事。这样，他一次又一次失去了找替身的好机会，一拖就是一百年，他还是个受苦的水鬼。管理阴阳转换的天神气得把他叫来大骂："像你心肠这么软，怎么配做水鬼！"话刚说完，那水鬼就变成了神。

　　慈悲的心肠一定能为别人和自己带来幸运，善有善报是千古不变的道理。想一想，在过去的三个月中，你曾为别人做了哪些善事？

　　在追求经济利益的今天，人们的一切活动好像无不与利益牵扯在一起。大至国与国之间的外交，小到身边的人际交往，许多不该发生的悲剧日复一日地重演。善良在遭到践踏，看到或听到这些人与人之间的丑恶和悲剧，确实让人愤怒、沮丧和无奈。

　　但我们也应该看到人性善良的一面，许多善良的人们，为了世界和平、公民的平等，不断地努力争取；在国内的贫困地区，有些老师为了适龄儿童不再失学，用他们微弱的身躯，微薄的收入，支撑着一个村乃至几个村的教育；为了拯救病中的生命，许多不相识的人们捐献爱心等，这一切无不体现着人们的善良，人类的前景也因人们的善良充满着希望。

我们常常听到有人抱怨自己的朋友，如今发了财，做了大事，原来是我怎样怎样帮助他的，到现在却忘恩负义。可以说，一个人假若没有善良，他的聪明、勇敢、坚强、无所畏惧等品质越是卓越，将来对社会构成的危险就越可怕。没有良心的朋友，到头来不会有好的结果。社会上有一些人，到处献爱心，并能固执地坚持自己善良的心，到处播撒善良的种子，一时被人认为是傻瓜。最后，才发觉这才是真正的大智慧，是一个无法用金钱来换的精神富豪，并且生活也很充实。

善良的情感及其修养是一道精神的核心，必须细心培养，要把善良的根植入每个人的心中。每个想成功的人，必须培养自己有一颗善良的心，以全身心的爱来迎接每一天。这样，也一定会得到社会的回报。

一个人可以在一念之间变成菩提，也可以变成魔鬼，那是因为人性中本就存在光明与黑暗的两面。当妄念太过执着时，人便舍弃了光明的那一面，而走向黑暗。其结果也必将是黑暗的。人生如过眼云烟，最终必是一切成空。为恶一生所得的所有益处都无法带走。只有以无所求之心培养善心善行，方能得到"极乐"的赠予。

修好那扇"破窗"

美国政治学家威尔逊及犯罪学家凯琳曾提出一个"破窗效应",它是这样表述的:如果一座房子破了一扇窗,没有人去修补,时隔不久,其它的窗户也会莫名其妙地被人打破;一面墙,如果出现一些涂鸦没有被清洗掉,很快的,墙上就布满了乱七八糟、不堪入目的东西;一个很干净的地方,人们不好意思丢垃圾,但是一旦地上有垃圾出现之后,人就会毫不犹疑地抛,丝毫不觉得羞愧。事实就是这样,"千里之堤,溃于蚁穴",第一扇被打破的玻璃窗若不能及时得到修护,就有可能带来一系列的负面影响;同理,一些小的过错如果不能及时被发觉并加以改正,日久天长它就会演变成大错。

"勿以善小而不为,勿以恶小而为之。"其实我们从小到大都在接受这样的教育,但扪心自问,我们做得够不够好?想必很多人在这时会低下头。我们总是喜欢为自己开脱,认为犯点小错、做点小恶并没有什么,无伤大雅,但事实上,这种想法大错特错。就像佛门所说的那样:"时时以为是小恶,作之无害,却不知时时作之,积久亦成大恶。犹水之一小滴,滴下瓶中,久之,瓶亦因此一滴一滴之水而满。故虽小恶,亦不可作之,作之,则有恶满之日。"也就是说,如果我们对小的恶念不能及时自觉且有效地加以修正,那么终将会因为无底的私欲酿成灾难,小则身败名裂,大则性命堪忧。是故,我们应该时常检点自己行为,否则等到出现不良后果再深深痛悔,那是不是有点迟了?因为再怎么说,对于我们的人生而言都是一种负面影响。

| 十一 无论别人如何，你都要把善念保留 |

我们不妨回忆一下，在我们身边有没有出现过类似事情？譬如，某个孩子到邻居家去玩，他无意中——注意，只是无意中——将人家的一根针沾在衣上，并且将其带回了家。这时，如果是位有修养的家长，一定会问明原委，然后要求孩子将针送回去。但如果是一位见利忘义、极度自私的家长，他可能就会昧着良心将针留下，因为在他看来这不是什么大事。是的，这点事邻居不会追查，就算被发现也不够判刑。但结果会怎样？结果是，孩子的一个无意举动在家长的纵容下演变成了恶习，他开始经常性地从别人家乱拿东西，因为他是小孩子，又因为拿的东西不值钱，人家可能也不会追究。就这样，孩子长大以后，原本的小偷小摸变成了大拿大偷，结果可想而知，他免不了要受到法律的制裁。

显而易见，这个责任应该归咎于自私的家长，孩子毕竟年少无知，辨别是非的能力不足，他们在成长过程中，学习、模仿最多的就是自己的父母。如果说父母能够以身作则、防微杜渐，那么孩子自然也不会差到哪去；如果说父母成了反面教材，时常表现出不好的行为习惯，那么孩子耳濡目染，想好都难！其实，这种事情是很常见的，比如某些家长不孝敬自己的父母，那么，他们的子女在长大以后就可能不会孝顺他们；譬如某些家庭经常打骂吵闹，那么，他们的子女长大以后脾气可能就会非常暴烈，动不动与人大打出手，乃至身陷囹圄……对于家长而言，他们在做出某些不良举动之时，可能并没有意识到问题的严重性，或许他们就只认为那是小事罢了。但事实上，就是这些所谓的小事，很可能会给他们及其子女日后的生活带来很大的影响，这或许就是我们常说的"善有善报，恶有恶报"吧。

所以我们一再强调："莫以善小而不为，莫以恶小而为之"。事实上，人之善恶不分轻重。一点善是善，只要做了，就能给人以温暖。一点恶是恶，只要做了，也能给人以损害。因此，生活中，我们必须谨言慎行。从一点一滴之间要求自己，做到能善则善。只有这样，我们才不至于在人生的沟沟坎坎中马失前蹄，断送我们本该美好的前途。

世界厌恶冷漠

如今，社会上一直在提倡营造"和谐"，可是，"和谐"要靠什么来营造？要靠"人和"。也就是说，在社会中生活的每一个人，都要与人为善，以善良的一面去对待别人，才能提升整体的社会氛围，从而达到"老吾老以及人之老，幼吾幼以及人之幼"社会境界。换而言之，如果有人倒地而没有人去搀扶，那么这个社会不会真正和谐；如果公交车上为争一个座位而大打出手，那么这个社会远没有达到和谐；如果所有人的心里就只有自己，各自打扫门前雪，不管他人瓦上霜，那么人与人之间想和谐都难。

客观地说，就当前的人文关怀状态而言，我们去做好人、做善事，确实有些顾虑。毕竟，谁也不希望在救死扶伤之后，还要被当成肇事者，掏尽半生的积蓄；毕竟，谁也不希望在见义勇为以后，还要自己花钱给犯罪嫌疑人看病。这善事未免做得太窝囊，也太让人心寒。于是，出于自我保护的本能，我们变得漠然了，甚至是冷酷了，这不仅仅是我们，更是社会的一种悲哀。

这或许不是我们的错，但确实使我们变得越发冷漠，我们让自己的人性中少了一些很重要的东西，那就是关爱与信任。诚然，我们即使不做善事，但只要不为恶，也没有人会拿我们怎样，也没有人会认为我们就是坏人。但是，我们会不会觉得，自己的心中有一丝难过？

尤其是当我们看到病痛中的老人蜷伏在地、看到可怜的孩子疼痛哭泣时,我们是不是真的可以无动于衷?相信,多数人的心都会隐隐作痛,因为我们的本性就是善良的!只不过,有些时候,我们被某些人为及非人为的因素所限制,变得有些懦弱,而要改变这种状态,需要的是整个社会的努力。

是的,这需要我们每一个人都去改变,将懦弱改为侠肝义胆,将冷漠改为古道热肠,如果社会中的每一个人都能如此,我们在做善事时就不会再有所顾虑。反之,倘若就这样冷漠下去,那么人与人之间最珍贵的情义将不复存在,整个社会将会陷入沦落。毋庸置疑,我们都不想在这样的社会氛围中生活。

进一步来说,推己及人,倘若我们希望别人对自己好一点,对我们的老人、孩子好一点,那么我们是不是应该率先做出个样子?事实上,我们一念之间种下一粒善因,便很有可能会收获意想不到的善果。咱们做人,真的没有必要太过计较,与人为善,又何尝不是与己为善?当我们为人点亮一盏灯时,是不是同时也照亮了自己?当我们送人玫瑰之时,手上是不是还缠绕着那缕芬芳?

曾听到过这样一个故事,对于我们应该很有启示意义。

一个贫穷的小男孩因为要筹够学费,逐门逐户地做着推销。此时,日已西沉,筋疲力尽的他腹中一阵作响。是啊,他已经一天没有吃东西了!小男孩摸了摸口袋——那里只有一角钱,该怎么办呢?没有办法,小男孩决定敲开一户人家的房门,看能不能讨到一口饭吃。

开门的是一位年轻美丽的女孩,小男孩感到非常窘迫,他不好意思说出自己的请求,临时改了口,只讨要一杯水喝。女孩见他似乎很饥饿的样子,于是便拿出一大杯牛奶。小男孩慢慢将牛奶喝下,礼貌地问:"我应该付多少钱给您?"女孩回答:"不需要,你不需要付一分钱。妈妈时常教导我们,帮助别人不应该图回报。"小男孩很感动，他说："那好吧，就请接收我最真挚的感谢吧！"

走在回家的路上，小男孩感到自己浑身充满了力量，他原本是打算退学的，可是现在他似乎看到上帝正对着他微笑。

多年以后，那位女孩得了一种罕见的怪病，生命危在旦夕，当地医生爱莫能助。最后，她被转送到大城市，由专家进行会诊治疗。而此时此刻，当年那个小男孩已经在医学界大有名气，他就是霍华德·凯利医生，而且也参与了医疗方案的制定。

当霍华德·凯利医生看到病人的病历资料时，一个奇怪的想法、确切的说应该是一种预感直涌心头，他直奔病房。是的！躺在病床的女人，就是曾经帮助过自己的"恩人"，他暗下决心，一定要竭尽全力治好自己的恩人。

从那以后，他对这个病人格外照顾，经过不断地努力，手术终于成功了。护士按照凯利医生的要求，将医药费通知单送到他那里，他在通知单上签了字。

而后，通知单送到女患者手中，她甚至不敢去看，她确信这可恶的病一定会让自己一贫如洗。然而，当她鼓足勇气打开通知单时，她惊呆了。只见上面写着：医药费———满杯牛奶——霍华德·凯利医生。

其实，我们怎样对待别人，别人就会怎样对待我们；我们怎样对待生活，生活也会以同样的态度来反馈我们。譬如说，当我们再为别人解答难题时，是不是也让自己对这个问题有了更进一步的理解；当我们主动清理"城市牛皮癣"时，不仅整洁了市容，是不是也明亮了自己的视野？……诸如此类，举不胜举。

所以，在平常的日子里，我们不要吝啬自己的善行。给马路乞讨者一块蛋糕；为迷路者指点迷津；用心倾听失落者的诉说……这些看似平常的举动，都可以渗透出朴素的爱，折射出人类灵魂深处的光芒，不但照亮了别人，也照亮了我们自己。

"君子莫大乎与人为善。"善待他人是我们在经营人生过程中，很应该遵守的一条基本准则。在当今这样一个需要合作的社会中，人与人之间更是一种互动的关系。只有我们去善待别人、帮助别人，才能处理好人际关系，从而获得他人的愉快合作。大量的事实已经告诉我们：那些与人为善、慷慨付出的人，往往更容易获得成功。

一个人妒火中烧的时候，与疯子无异

如果在竹篓中放一只螃蟹，为防止它逃跑，需盖住篓口。若在竹篓中放两只以上，则不必防范，因为只要其中一只螃蟹爬到竹篓口，其它螃蟹便会极力将其往下拖，它们谁也出不去！是嫉妒让它们相互拖拽，相互残害。而人有时又何尝不像这螃蟹？无论是同学、同事、朋友还是亲戚之间，类似的"内战"时有上演，很大程度上阻碍了我们的人生发展。人生在世，需持一颗平常心，不要因为嫉妒而相互残害，这样才能拥有幸福的人生。

人与人生生相惜，互相依存，正如古语所说："一日之所需，百工斯为备"。我们共同生活在这个世界上，就是"生命的共同体"，而嫉妒，无疑是破坏这种依存关系的大祸端。一个人倘若被嫉妒心所操控，便免不了要为自己树敌；反之，若能降服嫉妒心，懂得欣赏他人的胜处，则是多了一些朋友。孰利孰弊，不言而喻。

只可惜，原是很浅显的道理，偏偏很多人悟不透、做不到，于是人世间嫉妒之心横行。培根在《论嫉妒》中写道："世人历来注意到，所有情感中最令人神魂颠倒的莫过于爱情和嫉妒。这两种情感都会激起强烈的欲望，而且均可迅速转化成联想和幻觉，容易钻进世人的眼睛，尤其容易降到被爱被妒者身上……自身无德者常嫉妒他人之德，因为人心的滋养要么是自身之善，要么是他人之恶。而缺乏自身之善者必然要摄取他人之恶。于是凡无望达到他人之德行境地者便会极力贬低他人以求平衡……在人类所有情感中，嫉妒是一种最纠缠不休的感情，因其他感情的发生都有特定的时间场合，只是偶尔为之；所以古人说得好：嫉妒从不休假，因为它总在某些人心中作祟。世人还注意到，爱情和嫉妒的确会使人衣带渐宽，而其他感情却不致如此，原因是其他感情都不像爱情和嫉妒那样寒暑无间。嫉妒亦是最卑劣、最堕落的一种感情，因此它是魔鬼的固有属性，魔鬼就是那个趁黑夜在麦田里撒稗种的嫉妒者；而就像一直所发生的那样，嫉妒也总是在暗中施展诡计，偷偷损害像麦黍之类的天下良物。"寥寥数百字，已将嫉妒的丑陋一面剖析得淋漓尽致，事实上，一个人妒火中烧的时候，事实上就是个疯子，当嫉妒变态以后，它对人的危害非常之大。

　　有两个重病患者同住在医院的一间病房，病房只有一扇窗。靠窗的那个病人遵医嘱，每天坐起来一小时，以排除肺部积液，但另外一个却只能整天仰卧在床上。

　　两个病人天天在一起。他们互相将自己的妻子、儿女、家庭和工作情况告诉了对方，也常常谈起自己的当兵生涯、假日旅游等等。此外，靠窗的那个病人每天下午坐起时，还会把他在窗外所见到的情景一一描述给同伴听，借以消磨时光。

　　就这样，每天下午的这一小时，就成了躺在床上那个病人的生活目标。他的整个世界都随着窗外那些绚丽多彩的活动而扩大和生动起来。他的朋友对他说：窗外是一座公园，园中有一泓清澈的湖水，水上嬉戏着鸭子和天鹅，还穿行着孩子们的玩具船；情侣们手挽手地在湖边的花丛中漫步,巨大的老树摇曳生姿,远处则是城市美丽的轮廓……随着这娓娓动听的描述,他常常闭目神游于窗外的美妙景色之中。

一天下午,天气和煦。靠窗的那个病人说,外面正走过一支婆亲队伍。尽管他的同伴并没有听到乐队的吹打声,但他的心灵却能够从那生动的描绘中看到一切。这时,他的脑海中突然冒出了一个从未有过的想法:为什么他能看到这一切,享受这一切,而我却什么也看不见?好像不公平嘛!这个念头刚刚出现时,他心里不无愧疚。然而日复一日,他依然什么也看不见,这心头的妒嫉就渐渐变成了愤恨。于是他的情绪越来越坏了,他抑郁烦闷,夜不能寐。他理当睡到窗户旁去啊!这个念头现在主宰着他生活中的一切。

一天深夜,当他躺在床上睁眼看着天花板时,靠窗的那个病人猛然咳嗽不止,听得出,肺部积液已使他感到呼吸困难。当他在昏暗的灯光下吃力挣扎着想按下呼救按钮时,他的同伴在一边的床上注视着,谛听着,但却一动也不动,甚至没有揿下身旁的按钮替他喊来医生,病房里只有死亡的沉寂。

翌日清晨,日班护士走进病房时,发现靠窗的那个病人已经死去。护士感到一阵难过,但随即便唤来人将尸体搬走。当一切恢复正常以后,剩下的那个病人说,他希望能够移到靠窗的床上。护士自然替他换了床位。把病人安置好以后,护士就转身出去了。

这时,病房里只有他一个人。他吃力地、缓缓地支起上身,希望一睹窗外的景色,他马上就可以享受到窗外的一切景色了,他早就盼望这一时刻的到来了!他吃力地、缓缓地转动着上身向窗外望去……

窗外,只有一堵遮断视线的高墙……

对美好生活的向往支持着与病魔抗争的坚强信念,靠窗的病人一直在诉说着一个美丽的谎言,支持病友也支持自己。然而,人性的天敌——嫉妒毁掉了这个美丽的谎言，也毁掉了这两个病人。

嫉妒，会使我们失去灵魂的双腿，走在人间路上，没有支柱，寸步难行。

在现实生活中，我们难免要被人超越，因为任何人都不可能具备所有的智能。我们要坦然接受自己的不完美，当有人在某一方面超过我们时，我们应该去羡慕，而不是嫉妒。因为羡慕会激发我们内心的斗志，令我们将对方当作追赶目标，从而不断提升、不断进步，这才是人生的精彩。

有错不怕，改了就好

其实，一个人犯些小错，并不是严重的问题，但如果造了罪孽却不肯悔改，就比较严重了。因为忏悔的法水，足以清洗一切罪恶，但若是你自己迷途不知返，那么谁也帮不了你。

正所谓："苦海无边，回头是岸；放下屠刀，立地成佛。"如果不能弃恶扬善，那么我们的罪业只会不断增长，永无止息。所以，如果说我们犯了错，最好的补救方法就是及早回头，虽然错已铸成，无法一下子抹去，但毕竟有了正确的追求，有了解脱的希望。相反，如果我们依旧执迷不悟，那么可能就一辈子看不到光明了。先贤孔子说"人非圣贤，孰能无过？过而能改，善莫大焉！"这不仅是劝诫我们知错便改，更是希望我们能够推此及彼，以一颗宽容的心去看待别人的过错。也就是说，如果我们希望自己犯错以后能够得到别人的谅解，那么就请善待别人的过失。毕竟，"金无赤金，人无完人"，一

十一 无论别人如何，你都要把善念保留

个人错了，他知道错了，他想改正自己曾犯下的错误，倘若我们连改过的机会都不肯给他，是不是有些太过残忍？

言归正传，其实，我们所犯下的一切过错都起于那颗执着的心，正所谓"罪从心起将心忏，心若亡时罪亦灭，心亡罪灭两俱空，是则名为真忏悔。"人，若能剪灭那颗为恶的心，恶又从何而起？一个人若真心忏悔，势必会得到大家的谅解。就像佛教故事中所说的那样："放下屠刀，立地成佛"。

很久以前有一个穷凶极恶的地方官吏，名字叫作赵朗，字公明，他的主要职责就是负责地方上的税务收纳。这赵朗为人贪婪、恶毒，又偏爱吃鸡，每到一家收税，定要人家杀鸡给他吃，否则就要多收钱粮，甚至还会拳脚相加。百姓怕官，对此一直敢怒不敢言。

某一天，赵朗来到大源乡桥头村，要一户农家杀鸡给他吃，可是这家只有一只带一窝小鸡的老母鸡。显然，这只老母鸡是没法吃了，赵朗也只好作罢。于是，这家人开始在小风炉里煮竹笋给他吃，正当竹笋下锅之时，母鸡突然飞上风炉，将锅打翻，这下子赵朗连笋也吃不成了。再看那只母鸡，竟然也被火烧去了许多羽毛。赵朗深感蹊跷，风炉上生着火，母鸡怎么会不要命地去打翻锅子呢？于是，赵朗便问主人家这笋从何来，对方将他带到挖笋的竹林，只见一条蕲蛇（本地最毒之蛇）盘在原处。眼见此情此景，赵朗当即泪如雨下，双膝跪地，仰声长叹："天要亡我，又何救我！"

原来，上苍有意要灭他这鱼肉百姓的"税务官"，遂遣蕲蛇来咬竹笋，在笋上留下剧毒，多亏母鸡不计前嫌，大仁大义，奋不顾身，救了他一命。

从此，赵朗辞去公职，遁入空门，一心向善。他来到位于香菇寮村与方山岭村之间的一个小庙，此庙原有一位老和尚，非常清贫，对弟子也极其严格，规定每七天才准烧一次饭，吃一餐，赵朗就在这种

情况下，追随了师父 21 年，恪守清规戒律，为周围乡民排解了不少忧难。

那日，又到了开斋之日，然而由于多日未曾生火，庵中已无火种，赵朗只好到方山岭村去借火种。来到方山岭村时，由于多日未曾进食，赵朗的身体已经非常虚弱，村民见状给了他一团糯米饭，并借了火种给他。赵朗手中拿着糯米饭，想到师父已经多日未吃，快要饿死，也不顾自己饥肠辘辘，匆匆赶回庙中。就在他赶到寺庙附近之时，忽然有一只斑斓猛虎扑面而来。赵朗毫无惧色，凛然说道："畜生，你若是想吃我，就张开嘴等着！等我将饭食送与师父，自会回来钻入你的口中。"老虎摇头，赵朗又道："畜生，你若是想做我的坐骑，就伏在地上，待我将饭食送与师父，便来骑你。"话音一落，虎屈膝伏身，点头。赵朗迅速将糯米饭送给师父，并生了火，返身来到老虎身边，骑上。刹那间，云雾升腾，瑞气四射，老虎腾空而起，逐渐没入云端。其师步出庙门，对空朗道：阿弥陀佛！终于度你成佛了。

这赵朗就是中国民间所供奉的大尊财神——黑虎玄坛赵公明。后人为其作诗曰："万恶做尽鸡不究，化得善心水长流，七日一食遁空门，骑虎成佛天共久。"

做错了事要是真觉悟、真回头、真改过，重新做人，以往的罪业是可以被洗清并得到原谅的。只是可惜，我们之中有很多人，明明知道自己错了，却找诸多借口为自己开脱，不肯改过，因而错过了一次又一次回头的机会，这简直是在拿自己的人生开玩笑！

衡量一个人是否值得尊重，并不是看他是否毫无过失，犯错这种事怎么说都是不可避免的，而一个真正有道德心的人，是能够及时发现，勇于承认，并全力承担、迅速改正错误的。如果不小心犯了错，我们没有必要为之耿耿于怀，一直觉得自己可恶、可耻，但如果是明知故犯、将错就错，百般辩解，自欺欺人，即便你自己不以为然，但在所有人看来，你都是可耻的！

然而，人毕竟都有虚荣心，要说一点脸面不要，这样的人现实生活中还真找不到。我们掩饰过失，无非是害怕受到指责，害怕颜面尽失，的确，那种万夫所指的感觉真的令人寝食难安、痛不欲生。但是，这其实是可以弥补、挽救的事情，我们为什么认不清？为什么要让自己在自作自受的恶性循环中备受煎熬呢？既然错已铸成，那么与其浪费时间去痛苦或掩饰，莫不如多花些时间去反省和改正。一如作家西塞鲁所说的那样："任何人都会犯错，只有傻子才会让它继续。"犯错，其实并不丢人，只要诚心改过，就能回头是岸，除非你心甘情愿做那个傻子，一辈子在别人的指指点点中过日子。

十二
简单是福，找到柴米油盐中的那份安详

享受生活并不需要那么多的附加条件，你现在就完全可以做得到。虽然你很忙碌，但只要你今天有享受的心情，你就应该去享受，柴米油盐中也自有趣味。

快乐其实并不远

其实细想想，现代人之所以焦虑重重，多是因为不懂得安分，即使有了财富、情色、名位、权势，仍然在不停追逐，常常压得自己喘不过气来。于是，我们经常莫名其妙地陷入一种不安之中，而找不出合理的理由。面对生活，我们的内心会发出微弱的呼唤，只有躲开外在的嘈杂喧闹，静静聆听并听从它，才会做出正确的选择，否则，将在匆忙喧闹的生活中迷失，找不到真正的自我。为了舒缓心情，我们之中有的人借着出国旅游去散心解闷，希冀能求得一刻的安宁，但终究不是根本之策。

我们来看看这个故事，应该会从中受到一些启发。

某富翁来到一个美丽寂静的小岛，遇见当地一位农民，他问道："你们一般在这里都做些什么？"

"我们在这里种田过日子。"农民回答。

"种田有什么意思？还那么辛苦！"富翁有点不屑。

"那你又来这里做什么？"农民反问。

"我来这里是为了欣赏风景，享受与大自然同在的乐趣！我平时忙于赚钱，就是为了日后要过这样的生活。"富翁回答。

农民笑着说："数十年来，我们虽然没有赚到很多钱，但是我们却一直都过着这样的日子！"

听了农民的话，这位富翁陷入了沉思……

我们是不是也该"沉思"一下？想一想，我们殚精竭虑苦苦追求的到底是什么？而我们的做法，是不是又背离了生活的本真意义？也许很多时候，我们让生活简单一点，心中负荷就会减轻一些。

像那些外出到远方散心的朋友，其实眼前的繁华美景，不过是一时的安乐，与其辛苦地去更换一个环境，我们不如换一个心境，任人世物转星移、沧海桑田，做个安贫乐道、闲云野鹤的无事人。换而言之，我们要真正获得自在、宁静，最要紧的就是安贫乐道。像孔子的"申申如也，夭夭如也"，是一种安贫乐道；颜回"一瓢饮，一箪食，人不堪其忧，而回亦不改其乐"，也是一种安贫乐道；东晋田园诗人陶渊明的"采菊东篱下，悠然见南山"，亦是一种安贫乐道；近代弘一法师"咸有咸的味，淡有淡的味"，还是一种安贫乐道。安贫乐道，显然是一种更高明的生活态度，即，遇茶吃茶，遇饭吃饭，积极地接受生活，享受生活。只有这样，我们才能体会到生活中的快乐。

读到这里，或许有人要问：如何才能营造这种心境呢？这首先需要提高我们的精神层次，我们需要认识到，幸福与快乐源自内心的简约，简单使人宁静，宁静使人快乐。其实，人心随着年龄、阅历的增长，总是会越来越复杂，但生活其实十分简单，如若我们能够保持自然的生活方式，不因外在的影响而痛苦抉择，便会懂得生命简单的快乐。

想告诉大家的是，这世间的事，无论看起来多么复杂、神秘，其实道理都是很简单的，关键在于我们是否看得透。生活本身很简单，快乐也很简单，是我们把它们想得复杂了，或者说是我们自己太复杂了，所以往往感受不到简单的快乐，也就弄不懂生活的真味。换而言之，是我们对生活、对自己寄予了过高的期望。这些过高期望其实并不能给我们带来快乐，但却一直左右着我们的生活：拥有宽敞豪华的寓所；幸福的婚姻；让孩子享受最好的教育，成为最有出息的人；努力工作以争取更高的社会地位；能买高档商品，穿名贵的时装；跟上流行的大潮，永不落伍……要想过一种简单的生活，改变这些过高期望是很重要的。富裕奢华的生活需要付出巨大的代价，而且并不能相应地带给我们幸福。如果我们降低对物质的需求，改变这种追求奢华的心理状态，我们将节省出更多的时间充实自己。清闲的生活将让我们更加自信果敢，珍视亲友间的情感，提高生活质量，这样的生活更能让我们认识到生命的真谛。

简单的生活，快乐的源头

　　人心随着年龄、阅历的增长而越来越复杂，但生活其实十分简单。保持自然的生活方式，不因外在的影响而痛苦抉择，便会懂得生命简单的快乐。

　　睿智的古人早就指出："世味浓，不求忙而忙自至。"所谓"世味"，就是尘世生活中为许多人所追求的舒适的物质享受、为人羡羡的社会地位、显赫的名声，等等。今日的某些人追求的"时髦"，也是一种"世味"，其中的内涵说穿了，也不离物质享受和对"上等人"社会地位的尊崇。

　　可怜的是某些人在电影、电视节目以及广告的强大鼓动下，"世味"一"浓"再"浓"，疯狂地紧跟时髦生活，结果"不知不觉地陷入了物欲麻烦中"。尽管他们也在努力工作，收入往往也很可观，但收入永远也赶不上层出不穷的消费产品的增多。如果不克制自己的消费，不适当减弱浓烈的"世味"，他们就不会有真正的快乐生活。

十二 简单是福，找到柴米油盐中的那份安详

菲律宾《商报》登过一篇文章。作者感慨她的一位病逝的朋友一生为物所役，终日忙于工作、应酬，竟连孩子念几年级都不知道，留下了最大的遗憾。作者写道，这位朋友为了累积更多的财富，享受更高品质的生活，终于将健康与亲情都赔了进去。那栋尚在交付贷款的上千万元的豪宅，曾经是他最得意的成就之一。然而豪宅的气派尚未感受到，他却已离开了人间。作者问："这样汲汲营营追求身外物的人生，到底快乐何在？"

这位朋友显然也是属"世味浓"的一族，如果他能把"世味"看淡一些，"住在恰到好处的房子里，没有一身沉重的经济负担，周末休息的时候，还可以一家大小外出旅游，赏花品草……"这岂不是惬意的生活？

"生活简单，没有负担"，这是一句电视广告词，但用在人的一生当中却再贴切不过了。与其困在财富、地位与成就的迷惘里，还不如过着简单的生活，舒展身心，享受用金钱也买不到的满足来得快乐。

简单的生活是快乐的源头，它为我们省去了欲求不得满足的烦恼，又为我们开阔了身心解放的快乐空间！

简单就是剔除生活中繁复的杂念、拒绝杂事的纷扰；简单也是一种专注，叫做"好雪片片，不落别处"。生活中经常听一些人感叹烦恼多多，到处充满着不如意；也经常听到一些人总是抱怨无聊，时光难以打发。其实，生活是简单而且丰富多彩的，痛苦、无聊的是人们自己而已，跟生活本身无关；所以是否快乐、是否充实就看你怎样看待生活、发掘生活。如果觉得痛苦、无聊、人生没有意思，那是因为不懂快乐的原因！

快乐是简单的，它是一种自酿的美酒，是自己酿给自己品尝的；它是一种心灵的状态，是要用心去体会的。简单地活着，快乐地活着，你会发现快乐原来就是："众里寻他千百度，蓦然回首，那人却

在灯火阑珊处。"

当然"简单生活"并不是要你放弃追求,放弃劳作,而是要我们抓住生活、工作中的本质及重心,以四两拨千斤的方式,去掉世俗浮华的琐务。

平平淡淡才是真

爱是什么?它就是平凡的生活中,不时溢出的那一缕缕幽香。

那年情人节,公司的门突然被推开,紧接着两个女孩抬着满满一篮红玫瑰走了进来。

"请茹茹小姐签收一下。"其中一个女孩礼貌地说道。

办公室的同僚们都看傻眼了,那可是满满一篮红玫瑰,这位仁兄还真舍得花钱。正在大家发怔之际,茹茹打开了花篮上的录音贺卡:"茹茹,愿我们的爱情如玫瑰一般绚丽夺目、地久天长——深爱你的峰。"

"哇塞!太幸福了!"办公室开始嘈杂起来,年轻女孩子都围着茹茹调侃,眼中露出难以掩饰地羡慕光芒。

年过30的女主管看着这群丫头微笑着,眼前的景象不禁让她想起了自己的恋爱时光。

老公为人有些木讷,似乎并不懂得浪漫为何物,她和他恋爱的第一个情人节,别说满满一篮红玫瑰,他甚至连一枝都没有买。更可气的是,他竟然送了她一把花伞,要知道"伞"可代表着"散"的意思。她生气,索性不理他,他却很认真地表白:"我之所以送你花伞，是希望自己能像这伞一样，为你遮挡一辈子的风雨！"她哭了，不是因为生气，而是因为感动。

诚然，若以价钱而论，一把花伞远不及一篮红玫瑰来得养眼，但在懂爱的人心中，它们拥有同样的内涵，它们同样是那般浪漫。

爱，不应以车、房等物质为衡量标准；在相爱的人眼中，不应有年老色衰、相貌美丑之分。爱是文君结庐当酒的执着与洒脱，爱是孟光举案齐眉的尊重与和谐，爱是口食清粥却能品出甘味的享受与恬然，爱是"执子之手，与之携老"的生死契阔。在懂爱的人心中，爱俨然可以超越一切的世俗纷扰。

爱的故事又何止千万？其中不乏欣喜，不乏悲戚；不乏圆满，不乏遗憾。那么，看过下面这个故事，不知大家从中能够领会到什么。

雍容华贵、仪态万千的公主爱上了一个小伙，很快，他们踩着玫瑰花铺就的红地毯步入了婚姻殿堂。故事从公主继承王位、成为权力威慑无边的女王说起。

随着岁月的流逝，女王渐渐感到自己衰老了，花容月貌慢慢褪却，不得不靠一层又一层的化妆品换回昔日的风采。"不，女王的尊严和威仪绝不能因为相貌的萎靡而减损丝毫！"女王在心中给自己下达了圣旨，同时她也对所有的臣民，包括自己的丈夫下达了近乎苛刻的规定：不准在女王没化妆的时候偷看女王的容颜。

那是一个非常迷人的清晨，和风怡荡，柳绿花红，女王的丈夫早早起床在皇家园林中散步。忽然，随着几声悦耳的啁啾鸟鸣，女王的丈夫发现树端一窝小鸟出世了。多么可爱的小鸟啊！他再也抑制不住内心的喜悦，飞跑进宫，一下子推开了女王的房门。女王刚刚起床，还没来得及洗漱，她猛然一惊，仓促间回过一张毫无粉饰的白脸。

结局不言而喻，即使是万众敬仰的女王的丈夫，犯下了禁律，也必须与庶民同罪，偷看女王的真颜只有死路一条。

女王的心中充满了悲哀，她不忍心丈夫因为一时的鲁莽和疏忽而惨遭杀害，但她又绝不能容忍世界上任何一个人知道她不可告人的秘密。斩首的那一天，女王泪水涟涟地去探望丈夫，这些天以来，女王一直渴望知道一件事，错过今日，也就永远揭不开谜底了。终于，女王问道："没有化妆的我，一定又老又丑吧？"

女王的丈夫深情地望着她说："相爱这么多年，我一直企盼着你能够洗却铅华，甚至摘下皇冠，让我们的灵魂赤诚相融。现在，我终于看到了一个真实的妻子，终于可以以一个丈夫的胸怀爱她的一切美好和一切缺欠。在我的心中，我的妻子永远是美丽的，我是一个多么幸福的丈夫啊！"

故事最后的结局呢？显然已不重要！它让我们知道，真正的爱情可以穿越外表的浮华，直达心灵深处。然而，喜爱猜忌的人们却在人与人之间设立了太多屏障，乃至于亲人、爱人之间也不能以坦然相对。唯有除去外表的浮华，卸去心灵的伪装，才可以实现真正的人与人的融合。

人生，只要适和自己就好

一个人，若要活得长久些，只有活得简单些；若要活得幸福些，只有活得糊涂些；若要活得轻松些，只有活得随意些。生活给予每个人的快乐大致上是没有差别的：人虽然有贫富之分，然而富人的快乐绝不比穷人多；人生有名望高低之分，然而那些名人却并不比一般人快乐到哪去。人生各有各的苦恼，各有各的快乐，只是看我们能够发现快乐,还是发现烦恼罢了。

生活随意就好,顺其自然,不埋怨,不抱怨,不浮躁,不强求,不悲观,不刻板,不慌乱。天气晴朗的时候,就充分享受阳光的美好,让自己时刻都处在好心情之中,不要总是强迫自己去想那些烦闷的事情。只要我们拥有一颗简单而随意的心,就会拥有快乐的生活。

江南初春常有一段阴雨连绵的天气,很冷、很潮湿,这种天气通常会让人觉得沮丧,提不起兴趣。

但是,有一天早上,天气突然转晴了。虽然还有一些湿润的感觉,但空气很清新,而且很暖和,你简直无法想象还会有比这更好的天气。

悦净大师喜欢这样的天气,觉得它总是让人产生各种各样的遐想,而且会让人对生命充满信心。

站在阳光明媚的街道上,悦净大师静静看着来往的人群,内心平静,但有一丝不易察觉的快乐在心底洋溢。

这时,一个约50岁的男人从远处走来,臂弯里放着皱皱的雨衣。当男人走近时,悦净大师快乐地向他打招呼:"阿弥陀佛!今天天气很不错,对吗?"

然而,这个男人的回答却出乎悦净大师的意料,他几乎是极为厌恶地对悦净大师说:"是的,天气是不错。但是在这样的天气里,你简直不知道该穿什么衣服才合适!"

悦净大师不知道该如何回答他,只是看着他很快地离开了。

或许生活中有很多不尽人意的地方,但抱怨又能解决什么?莫不如放平心态,去享受生活给予我们的一切,你会发现,原来"天气"一直不错。

人生或许会有很多追求,但无论追求什么,我们都应秉持这样一个前提:不要让心太累。心若疲惫,无论做什么、得到什么,也不会真快乐。而若想让心不累，就要活得随意些，不要一味地去追求所谓的成功。

诚然，成功是我们一生追求的目标，可是在人生的路上，衡量是成功还是失败绝非只有结果这个唯一的标准，而且我们还应该考虑一下，我们为"成功"付出了怎样的代价，是得大于失，还是失大于得。

对成功的定义，应该说是仁者见仁，智者见智。有的人认为腰缠万贯才是成功，可是财富却往往与幸福无关。纽约康奈尔大学的经济学教授罗伯特·弗兰克说："虽然财富可以带给人幸福感，但并不代表财富越多人越快乐。"一旦人的基本生存需要得到满足后，每一元钱的增加对快乐本身都不再具有任何特别意义，换句话说，到了这个阶段，金钱就无法换算成幸福和快乐了。

如果一个人在拼命追求金钱的过程中，忽略了亲情，失去了友谊，也放弃了对生命其他美好方面的享受，到最后即便成了亿万富翁，不也难以摆脱孤独和迷惘的纠缠吗？所以并非是金钱决定了我们的愿望和需求，而是我们的愿望和需求决定了金钱和地位对我们的意义。你比陶渊明富足一千倍又怎么样，你能得到他那份"采菊东篱下，悠然见南山"的怡然吗？

其实，从某种意义上讲，人生中，一个男人最大的成就是有一个好妻子，一个女人最大的成功是有一个好孩子，一个孩子最大的成功是心理和生理都健康地成长。这才是最踏实最快乐的成功诠释。

人生，只要适合自己就好！只要简单就好！

扫除不应有的负累

其实生命就如同一次旅行，背负的东西越少，越能发挥自己的潜能。你可以列出清单，决定背包里该装些什么才能帮助你到达目的地。但是，记住，在每一次停泊时都要清理自己的口袋，什么该丢，什么该留，把更多的位置空出来，让自己轻松起来。

我们一定有过年前大扫除的经历吧。当你一箱又一箱地打包时，一定会很惊讶自己在过去短短一年内，竟然累积了这么多的东西。然后懊悔自己为何事前不花些时间整理，淘汰一些不再需要的东西，如果那么做了，今天就不会累得你连腰都直不起来。

大扫除的懊恼经验，让很多人懂得一个道理：人一定要随时清扫、淘汰不必要的东西，日后才不会变成沉重的负担。

人生又何尝不是如此！在人生路上，每个人不都是在不断地累积东西？这些东西包括你的名誉、地位、财宝、亲情、人际关系、健康等，当然也包括了烦恼、苦闷、挫折、沮丧、压力等。这些东西，有的早该丢弃而未丢弃，有的则是早该储存而未储存。

在人生道路上，我们几乎随时随地都应该做自我"清扫"。念书、出国、就业、结婚、离婚、生子、换工作、退休……每一次挫折，都迫使我们不得不丢掉旧我，接纳新我，把自己重新"扫"一遍。

不过，有时候某些因素也会阻碍我们放手进行扫除。譬如：太忙、太累，或者担心扫完之后，必须面对一个未知的开始，而你又不能确定哪些是你想要的。万一现在丢掉了，将来又捡不回来怎么办？

　　的确，心灵清扫原本就是一种挣扎与奋斗的过程。不过，你可以告诉自己：每一次清扫，并不表示这就是最后一次。而且，没有人规定你必须一次全部扫干净。你可以每次扫一点，但你至少应该丢弃那些会拖累你的东西。

　　我们甚至可以为人生做一次归零，清除所有的东西，从零开始。有时候归零是那么难，因为每一个要被清除的数字都代表着某种意义；有时候归零又是那么容易，只要按一下键盘上的删除键就可以了。

　　年轻的时候，娜塔莎比较贪心，什么都追求最好的，拼了命想抓住每一个机会。有一段时间，她手上同时拥有13个广播节目，每天忙得昏天暗地，她形容自己："简直累得跟狗一样！"

　　事情都是双方面的，所谓有一利必有一弊，事业愈做愈大，压力也愈来愈大。到了后来，娜塔莎发觉拥有更多、更大不是乐趣，反而是一种沉重的负担。她的内心始终有一种强烈的不安全感笼罩着。

　　那一年"灾难"发生了，她独资经营的传播公司被恶性倒账四五千万美元，交往了七年的男友和她分手……一连串的打击直袭而来，就在极度沮丧的时候，她甚至考虑结束自己的生命。

　　在面临崩溃之际，她向一位朋友求助："如果我把公司关掉，我不知道我还能做什么？"朋友沉吟片刻后回答："你什么都能做，别忘了，当初我们都是从'零'开始的！"

　　这句话让她恍然大悟，也让她重新有了勇气："是啊！我本来就是一无所有，既然如此，又有什么好怕的呢？"就这样念头一转，没有想到在短短半个月之内，她连续接到两笔大的业务，濒临倒闭的公司起死回生，又重新走上了正常轨道。

　　历经这些挫折后，娜塔莎体悟到人生"变化无常''的一面：费尽了力气去强求，虽然勉强得到，但最后还是留不住；反而是一旦"归零"了，随之而来的是更大的能量。

她学会了"舍"。为了简化生活，她谢绝应酬，搬离了150平方大的房子。索性以公司为家，挤在一个10平米不到的空间里，淘汰不必要的家当，只留下一张床、一张小茶几，还有两只作伴的狗儿。

其实，一个人需要的东西非常有限，许多附加的东西只是徒增无谓的负担而已。简单一点，人生反而更踏实。

生命的意义

该来的终究要来，该去的始终无法挽留。珍惜活着的时间，用有限的生命去创造无限的价值，对于生命而言，这就是死亡后的一种延续。

在这个世界上，我们每个人都扮演着很多不同的角色：我们是父母、是爱人、是儿女、是友人……所有人都应该极尽所能扮演好这些角色，对社会做不求回馈的奉献。或许你的能力有限，但依然可以用物质的、精神的种种能力，去奉献一个人、两个人，当你被越来越多的人所需要时，你会感觉生命非常充实，因为你体现了价值，同时你也会感悟到生命的意义。

看看下面这个故事，你将知道自己应该怎样去经营生命。

在阿迪河畔住着一个磨坊主，他是英格兰最快乐的人。他从早到晚总是忙忙碌碌，生活虽然艰难，但他仍然每天像云雀一样欢快地歌唱。他乐于助人，他的乐观豁达带动了整个农场，以至于人们能从很远的地方听到从农场里传出的欢声笑语。这一带的人遇到烦恼总喜欢用他的方式来调节自己的生活。

这个消息传到国王耳朵里，国王想，一个贫贱的平民怎么有那么多欢乐？国王决定拜访这个磨坊主。国王走进磨坊后就听到磨坊主在唱："我不羡慕任何人，只要有一把火我就会给人一点热；我热爱劳动，我有健康的身体和幸福的家庭；我不需要任何人的施舍，我要多快乐就有多快乐。"国王说："我羡慕你，如果我能像你一样无忧无虑，我愿意和你换个位置。"磨坊主说："我肯定不换。你只知道需要别人，而从不考虑别人需要你什么。我自食其力，因为我的妻子需要我照顾，我的孩子需要我关心，我的磨坊需要我经营，我的邻居需要我帮助。我爱他们，他们也很爱我，这使我很快乐。"国王说："你还需要什么？"磨坊主说："我希望别人更多地需要我。"国王说："不要再说了，如果有更多的人像你一样，世界有多么美好啊！"

故事到这里还没有结束。二百年以后，国王与磨坊主又一次相遇了，只不过这时的他们都已转世轮回，磨坊主因为希望被更多的人所需要，转世做了露珠，滋润万物，而国王只知道需要别人，这一世他做了个乞丐。

那一天，乞丐很早便出门了，当他把米袋从右手换到左手，正要吹一下手上的灰尘时，一颗大而晶莹的露珠掉到了他的掌心上。

乞丐看了一会，将手掌递到唇边，对露珠说：

"你知道我将做要什么吗？"

"你将会把我吞下去。"

"看来你比我更可怜，生命操纵在别人手中。"

"你说错了，我的思想里没有"可怜"这两个字。我曾经滋润过一朵很大的丁香花蕾，并让她美丽地绽放，为这世间增添了一抹艳丽。现在我又将滋润另一个生命，这是我最大的快乐和幸福，我此生无悔。"

生命的意义是什么？这个故事给了我们答案：不是金钱、不是情欲、不是一切身外之物，而是被需要。这是生命的幸福快乐之源。它使我们在实现社会价值和个人价值的同时，超脱了私欲纠缠，进入高贵状态。

需要是一种索取，被需要则意味着忘我的付出，但我们生命本身不会因为"付出"而削弱，反而我们给予的越多，得到也会越多。许多人被我们铭记于心，流芳百世，就是因为他们奉行了"最大的需要是被需要"这一生命原则。我们刻意去追求价值，却不知生命的价值只有在满足别人或社会的某种需求时，才会被无限放大。